Kai Strepp

Auditive Wahrnehmungsstörungen und Schule

Ursachen · Symptome · Folgen

disserta
Verlag

Strepp, Kai: Auditive Wahrnehmungsstörungen und Schule: Ursachen - Symptome - Folgen. Hamburg, disserta Verlag, 2014

Buch-ISBN: 978-3-95425-516-0
PDF-eBook-ISBN: 978-3-95425-517-7
Druck/Herstellung: disserta Verlag, Hamburg, 2014

Bibliografische Information der Deutschen Nationalbibliothek:
Die Deutsche Nationalbibliothek verzeichnet diese Publikation in der Deutschen Nationalbibliografie; detaillierte bibliografische Daten sind im Internet über http://dnb.d-nb.de abrufbar.

Hermannstal 119k, 22119 Hamburg
http://www.disserta-verlag.de, Hamburg 2014
Printed in Germany

Inhalt

1 Einleitung

Unsere auditive Wahrnehmung ist unser Tor zur Welt. Zusammen mit dem Tastsinn ist er der erste Sinn, der noch während der Schwangerschaft seinen Dienst aufnimmt, und es ist der letzte Sinn, der sich abstellt, wenn wir sterben. Bereits als Föten beginnen wir, Eindrücke, insbesondere Akustische, zu verarbeiten, was uns bereits bis zur Geburt geprägt hat. Föten, die gestresst sind, können über die Zusprache der Mutter beruhigt werden, können aber auch in Aufregung versetzt werden, wenn der Geräuschpegel zunimmt. Bei Geburt verfügen wir über eine dreimonatige Hörerfahrung. Wenn unsere Mutter unmittelbar nach Geburt zu uns spricht, erinnern wir uns an den Klang ihrer Stimme, ihren Sprechrhythmus und ihre Satzmelodie. Dadurch beruhigen wir uns und überwinden das Trauma der Geburt. Unser Gehör ist optimal auf den Frequenzbereich abgestimmt, in dem sich alle Sprachen dieser Welt abspielen. Über unsere auditive Wahrnehmung nehmen wir Kontakt zu unserer Welt auf, entnehmen ihr Informationen und richten danach unser Fühlen, Denken und Handeln aus. Unsere auditive Wahrnehmung gibt uns Vorstellung von Raum und Zeit, über diese finden wir Orientierung.

Die Hauptfunktion unserer Wahrnehmung ist das Verstehen von menschlicher Sprache. Unser Gehör ist auf diesen Frequenzbereich anatomisch und physiologisch geradezu spezialisiert. Den Großteil unserer Informationen über die Beschaffenheit unserer Welt erarbeiten wir uns über unsere Kommunikation. Um miteinander zu kommunizieren, benutzen wir Sprache. Über das Produzieren und Empfangen von Sprache lernen wir voneinander und beeinflussen uns gegenseitig. Vielleicht unterscheiden wir uns letztlich von der Tieren nur im Umfang und der Qualität unserer kommunikativen Mittel, im Vermögen, Informationen auszutauschen, sich mitzuteilen. Unsere Sprache schafft Nähe, Zuneigung, Verbundenheit und Sympathie, aber auch Argwohn, Neid, Feindseligkeit und Hass. Unsere Stimme ist unser Stimmungsträger.

Um Sprache mit all ihren Facetten nutzen zu können, bedarf es einer fein abgestimmten Verarbeitung und Wahrnehmung akustischer Signale. Diese Fähigkeit wird uns zum Großteil bereits in die Wiege gelegt, ein kleiner, aber nicht unwesentlicher Teil, wird durch unsere Hörerfahrungen in unseren ersten Lebensmonaten und -jahren ausgebildet. Probleme vor, während und nach der Geburt können zu nachhaltigen Störungen in der Verarbeitung und Wahrnehmung akustischer Signale führen. Ebenso wie eine unausreichende Stimulation in den ersten Lebensmonaten. Die Folge sind auditive Wahrnehmungsstörungen, so dass die vollständige Auswertung relevanter akustischer Informationen nicht gewährleistet ist .

Die auditive Wahrnehmung hat einen maßgeblichen Einfluss auf unsere Lernkompetenzen und damit auch auf unser Selbstverständnis, unser Verhalten und unsere Emotionalität. Vor allem im schulischen Bereich wird der größte Anteil der Informationen und Lerninhalte über den auditiven Kanal mitgeteilt. Der Schulerfolg hängt also wesentlich davon ab, inwieweit ein Kind in der Lage ist, diese Informationen zu verarbeiten und in seinen Wissensbestand zu integrieren. Leidet ein Kind unter auditiven Wahrnehmungsstörungen, ist die vollständige Informationsaufnahme nicht mehr gewährleistet. Werden auditive Informationen nicht vollständig und nur fragmentiert aufgenommen und zudem nicht differenziert ausgewertet, hat dies unmittelbare Auswirkungen auf den Lernerfolg. Vor allem die Kulturtechniken Lesen und Schreiben sind in hohem Maße von der Qualität unserer auditiven Wahrnehmung abhängig. Nach dem heutigen Stand der Wissenschaft ist Legasthenie nachgewiesener Maßen als Folge von auditiven Wahrnehmungsstörungen zu verstehen [ROSENKÖTTER 1997; BARTH 1999; LANDERL, WIMMER 1994; SCHULTE-KÖRNE 1998; TALLAL, PIERCY 1975; TALLAL 1980, 1984; TALLAL ET AL 1993, 1997]. Hier scheint vor allem das zeitliche Auflösungsvermögen eine entscheidende Rolle zu spielen (ausführlich in Kapitel 6.3 beschrieben).

Auch andere Bereiche des schulischen Lebens und Lernens sind von der auditiven Wahrnehmung abhängig, wie Aufmerksamkeitsniveau, Konzentrationsvermögen und Motivation. Störungen der auditiven Wahrnehmung haben des Weiteren Einfluss auf Mitarbeit und Verhalten, das allgemeine Lern- und Leistungsvermögen, auf die Emotionalität und die soziale Einbindung in die Klasse. Während es zur Korrelation von Legasthenie und auditiven Wahrnehmungsstörungen bereits zahlreiche Studien und Befunde gibt, sind empirische Befunde zu anderen schulrelevanten Bereichen kaum oder nicht vorhanden. Ziel dieser Arbeit ist es, auditive Wahrnehmungsstörungen im Hinblick auf ihre Auswirkungen in o.g. schulrelevanten Bereichen zu untersuchen. Es soll empirisch überprüft werden, ob auditive Wahrnehmungsstörungen einen negativen Effekt auf:

- Mitarbeit und Verhalten,
- Verarbeitung von Stör- und Nutzschall,
- Motivation, Konzentrationsvermögen und Aufmerksamkeitsniveau,
- Gedächtnisleistungen
- allgemeines Lern- und Leistungsvermögen,
- Lese- und Rechtschreiberwerb,
- Emotionalität, sowie
- soziale Einbindung in die Klasse

haben.

In Kapitel 2 wird der Aufbau und die Funktionsweise des Hörorgans dargestellt. Die Entwicklung des Hörorgans und die Hörentwicklung wird in Kapitel 3 geschildert. Kapitel 4 befasst sich mit dem physiologischen Wahrnehmungssystem im Allgemeinen und im Speziellen mit der auditiven Wahrnehmung. Die verschiedenen Leistungen des auditiven Systems werden in Kapitel 5 dargestellt, in Kapitel 6 schließlich werden auditive Wahrnehmungsstörungen beschrieben. Mögliche Auswirkungen auf den schulrelevanten Kontext werden in Kapitel 7 geschildert. Der Aufbau, die Durchführung und die Ergebnisse der eigenen durchgeführten Untersuchung an Grundschulkindern der ersten Klasse wird in Kapitel 8 dargestellt.

2 Aufbau und Funktionsweise des Hörorgans

Das menschliche Gehör kann anatomisch in drei Teile aufgeteilt werden: dem Außenohr, dem Mittelohr und dem Innenohr. Grundsätzlich hat das Hörorgan die Aufgabe, akustische Signale in Form von Schallwellen aufzufangen. Diese werden im Mittelohr erst in mechanische und anschließend im Innenohr in elektrische Impulse umgewandelt. Die elektrischen Impulse durchlaufen dann über die zentralen Hörnervbahnen eine Reihe von Zwischenstationen im Hirnstamm und Mittelhirn. Schließlich gelangen diese in den jeweiligen primären, sekundären und tertiären auditiven Kortex der zwei Hirnhälften, in denen der eigentliche Wahrnehmungsprozess stattfindet.

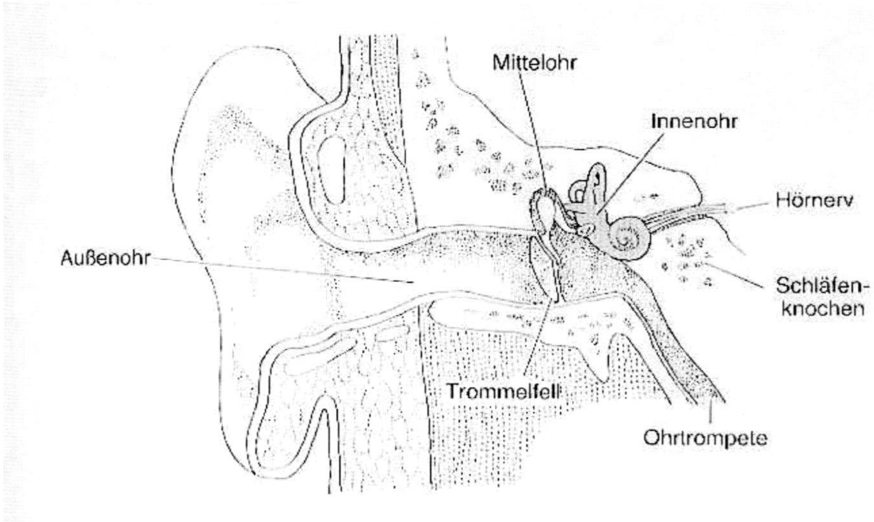

Das menschliche Gehör, HUDSPETH, 1983:10

2.1 Das Außenohr

2.1.1 Aufbau und Anatomie

Das Außenohr besteht aus der Ohrmuschel (Concha) und dem äußeren Gehörgang.

2.1.1.1 Ohrmuschel

Die Ohrmuschel ist um etwa 30 Grad zum Kopf geneigt und hat die Form eines Trichters. Die Ohrmuschel selbst besteht in ihrem Grundgerüst aus einem Ohrmuschelknorpel, welcher kontinuierlich in einen Gehörgangsknorpel übergeht. Im Gegensatz zur Ohrmuschel und dem äußeren Drittel des Gehörgangs besteht das Ohrläppchen nicht aus Knorpel- sondern aus Fettgewebe. Die Ohrmuschel ist straff von Haut überzogen und enthält Schweißdrüsen, Haarwurzeln und Fettzellen.

Die Ohrmuschel lässt sich anatomisch in zwei Bereiche gliedern, den hinteren retroaurikulären und vorderen sichtbaren aurikulären Bereich [Benner, 1989].

2.1.1.2 Äußerer Gehörgang

Der äußere Gehörgang ist beim Erwachsenen zwischen 2 und 3 cm lang und hat in der Höhe einen Durchschnitt von 8-11 mm, sowie in der Breite einen Durchschnitt von etwa 5-8 mm. Aus einer Schutzfunktion heraus ist der Gehörgang im vorderen unteren Bereich konvex gekrümmt und vollständig mit Haut ausgekleidet. Durch diese Krümmung haben es Insekten, Schmutzpartikel u.a. schwerer, zum Trommelfell zu gelangen.

Das äußere Drittel (laterale Teil) des Gehörgang besteht aus Bindegewebe und ist relativ schmerzunempfindlich. Der hintere (mediale) Teil des Gehörgangs ist in den Knochen eingebettet und im Vergleich zum vorderen Drittel sehr schmerzempfindlich. Der Gehörgang ist vollständig mit apokrin (*apó, gr.* von weg) sezernierenden (absondernden) Drüsen ausgestattet, die Cerumen produzieren und desinfizierende Wirkung haben. Cermunen verhindert, dass Fremdkörper wie Schmutz, Staub oder kleine Tierchen ins Ohr gelangen und sich dort ablagern können.

2.1.2 Funktion

2.1.2.1 Ohrmuschel

Die menschliche Ohrmuschel erfüllt mehrere Funktionen. Zum einen dient sie dem Einfangen von Schallwellen. Zum anderen handelt es sich bei der Ohrmuschel, wie auch das Ohrläppchen, um einen Resonanzkörper. Dadurch werden die ankommenden Schallwellen, im für menschlichen wichtigen Frequenzbereich, durch Reflektionen innerhalb der Ohrmuschel verstärk. Die spezifischen Windungen und Knorpelleisten der Ohrmuschel verzerren die Schallwellen und bewirken somit Laufzeitunterschiede, so dass jede Schall-Richtung ihre individuelle Klangfärbung erhält.

So werden beispielsweise Schallereignisse, die von hinten auf unsere Ohrmuschel treffen, durch die Form der Muschel im Frequenzbereich zwischen 3000 – 6000 Hz gedämpft, so dass dieses Ereignis als hinter uns liegend erkannt werden kann. Dasselbe gilt auch für Geräusche, die von oben oder unten kommen, nur dass in diesem Fall der Frequenzbereich ein anderer ist. Die Ohrmuschel ist also unabdingbare Voraussetzung für präzises Raum- und Richtungshören. Sie lässt uns erkennen, ob ein Geräusch von hinten, vorne, oben oder unten kommt. So belegen Untersuchungen, dass Menschen, denen die Ohrmuscheln an den Kopf gebunden werden, größte Schwierigkeiten bekommen, Schallquellen exakt zu lokalisieren [ELIOT, 2000].

2.1.2.2 Äußerer Gehörgang

Durch die Krümmung des äußeren Gehörgangs entsteht in der Mitte eine Höhle, in welcher durch Eigenresonanz Frequenzen zwischen 2000 und 4000 Hz um das Doppelte verstärkt werden. In diesen Frequenzbereich ist der Großteil der menschlichen Laute verankert. Die Hauptfunktion des Gehörgangs, neben der Verstärkung des für die menschliche Sprache wichtigen Frequenzbereichs, besteht darin, die akustischen Signale (Schallwellen) an das Trommelfell weiterzuleiten.

2.2 Das Mittelohr

Das Mittelohr setzt sich aus dem Trommelfell, der Paukenhöhle mit den Gehörknöchelchen Hammer, Amboss und Steigbügel und der Eustachischen Röhre zusammen. Im Mittelohr wird der Schall über das Trommelfell in mechanische Schwingungen versetzt, die über die Gehörknöchelchen verstärkt und an das Innenohr übertragen werden. Mittels der Eustachischen Röhre, oder auch Tube (Tuba auditiva), kann das Ohr belüftet, Druckunterschiede ausgeglichen und über das Ablaufen von Sekret gereinigt werden.

2.2.1 Aufbau und Anatomie

2.2.1.1 Das Trommelfell

Das Trommelfell bildet den Abschluss des äußeren Gehörgangs zur Paukenhöhle. Es ist eingebettet in den Faserknorpelring, welcher wiederum in eine Knocheneinkerbung eingelassen ist.

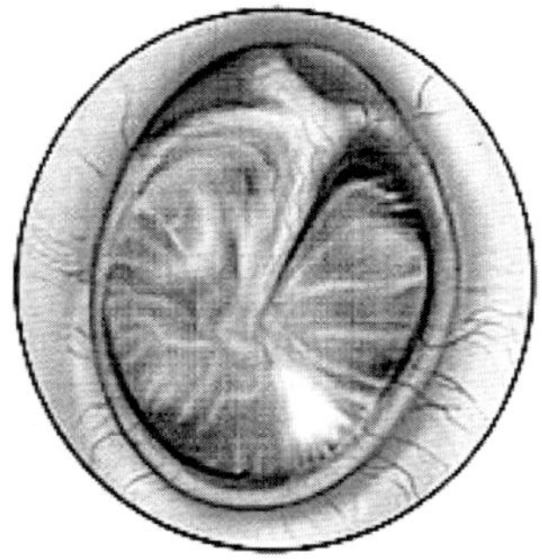

Das Trommelfell (von außen)
dtv-Atlas der Anatomie,1978

Beim Trommelfell handelt es sich um eine hauchdünne Membran, die aus mehreren Schichten besteht. Von externer Seite aus besteht die erste Schicht aus einem Hautstreifen, dem sogenannten Kutisstreifen, der auch Teile des äußeren Gehörgangs bedeckt. Das Trommelfell selbst besteht extern kommend aus einschichtigem Plattenepithel. Danach folgt erst eine Bindegewebsfaserschicht, die radiär angeordnet ist, daraufhin eine dahinter liegende Bindegewebsfaserschicht, die im Gegensatz zur ersteren zirkulär angeordnet. Durch die radiären und zirkulären Faserzüge wird das Trommelfell straff gespannt. Allerdings ist das Trommelfell im oberen Bereich locker, weswegen man diesen Teil auch den lockeren Trommelfellteil (*Pars flaccida membranae tympani*) [DTV-ATLAS 1978] nennt. Dieser Abschnitt ist im Gegensatz zum unteren gespannten Trommefellteil für die Schallübertragung unwesentlich. Die letzte Schicht besteht aus einschichtigem Epithelgewebe. Trotz dieser vielen Schichten ist das Trommelfell mit einem Querschnitt von 0,1 mm extrem dünn.

Das Trommelfell ist etwa 10-11 mm hoch, circa 9 mm breit und hat eine kreisrunde bis ovale Form. Es ist schräg gestellt, indem es extern vorne unten medial nach hinten und vorne oben medial nach außen geneigt ist. Damit bildet das Trommelfell keine ebene Fläche, sondern hat die Form eines flachen Kegelzeltes, dessen Mittelpunkt etwas weiter in die Paukenhöhle hineinragt als der Umfang. Die Fläche des oberen lockeren Abschnitts umfasst etwas 30 mm^2, der untere gespannte Abschnitt etwa 55 mm^2 [BENNER 1988].

2.2.1.2 Paukenhöhle

Direkt hinter dem Trommelfell befindet sich die Paukenhöhle, welche die Gehörknöchelchen Hammer, Amboss und Steigbügel enthält. Sie ist mit Luft gefüllt und über die Eustachische Röhre mit der Mundhöhle verbunden, so dass über diese ein Druckausgleich erzielt werden kann, wenn ein Druckunterschied zwischen Außen- und Mittelohr herrscht.

Die Paukenhöhle wird in ihrer Ausdehnung durch vier Wände begrenzt, die vordere und hintere Wand, sowie die seitliche und mittlere Wand. Sie ist ~ 14 mm lang, in der Breite etwa zwischen 2,5 mm und 7 mm, ihr Volumen beträgt ungefähr 1 cm^3. Ausgekleidet ist sie mit mehrschichtigem Epithelgewebe, bei welchem es sich um eine atmungsaktive Schleimhaut handelt, die für Gasaustausch sorgt und als immunologische Schranke wirkt.

Gehörknöchelchen

Die Gehörknöchelchen nehmen die durch Schallwellen evozierten Schwingungen des Trommelfells auf und leiten diese zum Innenohr weiter. Es handelt sich dabei um die drei kleinsten Knochen des Menschen, den Hammer, dem Amboss und dem Steigbügel. Diese drei Gehörknöchelchen bilden eine Kette. Wie die Paukenhöhle sind auch die Gehörknöchelchen von einer respiratorischen Schleimhaut überzogen.

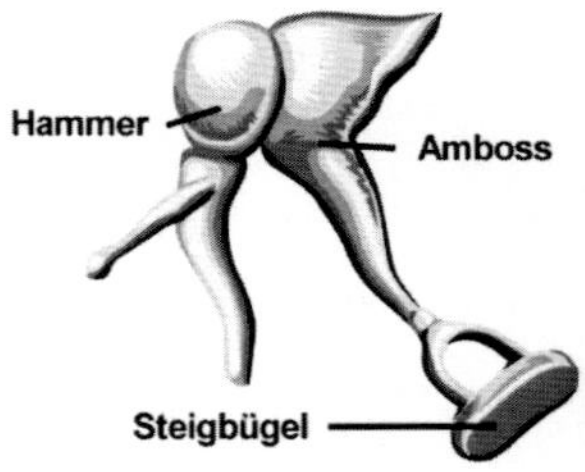

Hammer (Malleus)

Der Hammer ist direkt mit dem Trommelfell verbunden und somit das erste Übertragungsglied in der Gehörknöchelchenkette. Der Hammer hat eine Länge von ca. 8 mm und ein Gewicht von etwa 25 mg. Dieser erhält seine Schwingungsfreiheit zur Übertragung der Schallwellenenergie dadurch, dass er an zwei Bändern der Gehörknöchelchenkette aufgehängt ist. Dies gewährleistet die verlustlose Weitergabe von Schwingungen an den Amboss, mit dem er einen gelenkigen Kontakt hat.

Amboss (Incus)

Zwischen Hammer und Steigbügel liegt der Amboss, der, wie der Hammer, an zwei der vier Bändern der Gehörknöchelchenkette befestigt ist. Die Schwingungsbewegungen des Ambossschenkels werden über einen gelenkigen Kontakt an den Steigbügelkopf weitergegeben.

Steigbügel (Stapes)

Der Steigbügel ist das letzte Glied in der Kette und gibt die vom Amboss erhaltenen Schwingungen an das sogenannte ovale Fenster weiter, welches durch den Steigbügel verschlossen wird. Der Steigbügel erhält seinen Namen von seiner Form. Er ist etwa 3,5 mm lang und hat ein Gewicht von ca. 3,5 mg. Die Stelle, mit dem der Steigbügel das ovale Fenster verschließt, wird als Steigbügelplatte bezeichnet. Der Steigbügel ist an der Kontaktstelle mit dem ovalen Fenster von einer Ringfaser umschlossen und verwachsen, welche wiederum mit dem ovalen Fenster verwachsen ist.

2.2.2 Funktion

Die Funktion des Mittelohrs besteht darin, die Schwingungen des Trommelfells an das Innenohr zu übertragen. Gleichzeitig findet hier eine Anpassung der Schallwellenwiderstände von Luft und Chochleaflüssigkeit durch Verstärkung des Drucks zwischen Trommelfell und ovalem Fenster statt, die sogenannte Impedanzanpassung. Unter Impedanz versteht man hier den Widerstand, den ein Medium dem Schall entgegensetzt. Da der Impedanzwert der Luft um einiges niedriger liegt als der von Flüssigkeiten, ist für eine möglichst verlustlose Übertragung der Schallwellen eine Verstärkung derselben zwingend notwendig, da die ankommenden Schallwellen ansonsten effektlos reflektiert werden würden.

Eine weitere Funktion des Mittelohrs besteht darin, bei zu lauten Schallereignissen den Schalldruck durch Versteifung der Muskeln, an denen die Gehörknöchelchen aufgehängt sind, zu erniedrigen, so dass das Risiko eines Hörverlustes durch zuviel Lärm reduziert wird. Dieses Phänomen wird „Akustischer Reflex“ genannt.
Eine weitere Funktion des Mittelohrs besteht im Ausgleich von unterschiedlichen Druckverhältnissen. Die Eustachische Röhre ermöglicht ein konstantes Druckverhältnis zwischen Mittelohr und Nasen-Rachen-Raum und erhält dieses aufrecht. Damit ist ein optimales Schwingverhalten des Trommelfells gewährleistet.

2.2.2.1 Trommelfell

Das Trommelfell untergliedert sich in zwei Bereiche, einen gespannten und einen lockeren. Für die Aufnahme von Schall ist dabei nur der gespannte Bereich relevant. Der gespannte Trommelfellteil (*Pars tensa membranae tympani*) [dtv-ATLAS 1998]hat eine Fläche von etwa 55 mm^2 und wird durch die ankommenden Schallwellen in Schwingungen versetzt. Er setzt Druckunterschiede in der Luft in Bewegungsenergie um und gibt diese durch den Verwuchs mit dem Hammer an die Gehörknöchelchen weiter.

2.2.2.2 Gehörknöchelchen

Die Funktion der Gehörknöchelchenkette besteht in der Verstärkung der Schwingungen aufgrund der verschiedenen Impedanzwerte. Dies ist notwendig, da Schallwellen nur eine geringe Druckenergie aufweisen. Damit die relativ große Flüssigkeitsmenge im Innenohr die Schwingungen aufnehmen kann und es über die Bewegung der Haarzellen zu Nervenimpulsen kommt, muss die Schallenergie der Luft in mechanische Energie umgewandelt und dabei verstärkt werden. Dabei kommen zwei Mechanismen zum Einsatz.

Der erste Verstärkungsmechanismus wird durch den großen Flächenunterschied von Trommelfell und ovalem Fenster hervorgerufen. Hier besteht ein Größenverhältnis von 1:17. Der zweite Verstärkungsmechanismus beruht auf der Hebelwirkung und bewirkt eine Verstärkung um den Faktor 1,3. Die Gesamtverstärkung des Schalls beträgt damit etwa das 22,1-fache, was ungefähr einem Wert von 27dB entspricht. Dank dieser Verstärkung kann etwa 60 Prozent der Schallenergie an das Innenohr weitergeleitet werden. Würden diese beiden Mechanismen nicht zum Einsatz kommen, gingen etwa 99% dieser Energie verloren (HÖFLER, 1995).

2.3 Das Innenohr

2.3.1 Aufbau und Anatomie

Das Innenohr stellt das letzte Glied in der Umwandlungskette des Schalls in elektrische Impulse dar. Es trägt wegen seines komplexen Aufbaus auch die Bezeichnung „Labyrinth“. Das Innenohr besteht aus zwei funktionell verbundenen Teilen, dem Vestibularapparat, bestehend aus dem Vorhof und den drei Bogengängen, sowie dem eigentlichen Hörorgan, der Schnecke (Cochlea), in der die mechanische Energie in Nervenimpulse umgewandelt wird.

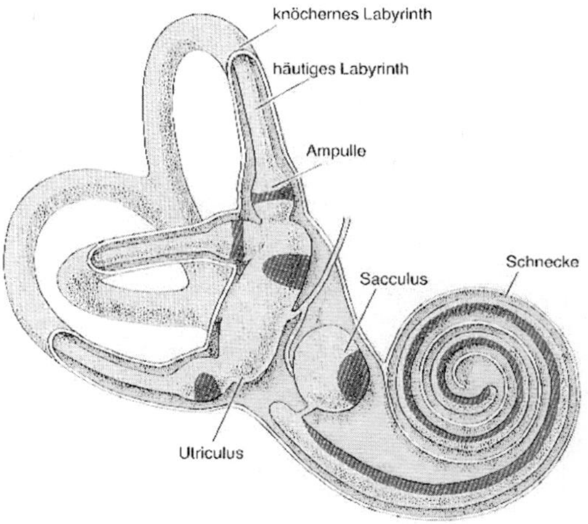

Innenohr – Bogengänge und Cochlea, HUDSPETH 1983:7

Der Aufbau der Cochlea ist extrem komplex und wird hier nur schematisch dargestellt. Die Schnecke wird aus den Aushöhlungen des Felsenbeins gebildet. Hierbei handelt es sich um das sogenannte knöcherne Labyrinth, welches mit einer Flüssigkeit, die Perilymphe genannt wird, gefüllt ist. Im knöchernen Labyrinth befindet sich ein von dünnen Häuten begrenztes zweites System, das sogenannte häutige Labyrinth. Auch dieses ist mit einer Flüssigkeit gefüllt, der Endolymphe. Dieses häutige Labyrinth folgt der umgebenden Knochenaushöhlung, weist zweieinhalb Windungen auf und wird nach oben hin zulaufend immer dünner. Das knöcherne und das häutige Labyrinth weisen nur teilweisen Kontakt auf.

An der Basis weist die Schnecke einen Durchschnitt von etwa 7mm auf. Dieser nimmt nach oben hin zunehmend ab, so dass der Durchschnitt am oberen Ende nur noch etwa 4 mm misst.

Betrachtet man die Schnecke von innen, können im Querschnitt drei flüssigkeitsgefüllte Räume voneinander unterschieden werden, von denen zwei mit Perilymphe gefüllt sind. Einer davon, der Perilymphe enthält, wird Scala tympani oder untere Paukentreppe genannt. Er wird durch die so genannte Basilarmembran begrenzt, welche sich quer durch die gesamte Schnecke spannt und die den Endolymphschlauch enthält, das eigentliche cortische Organ.

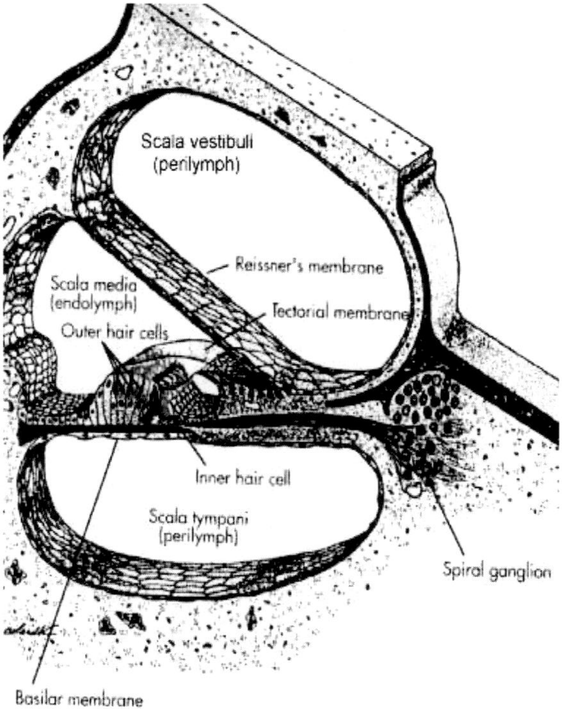

Das cortische Organ enthält nun die für das Hören verantwortlichen Sinneszellen, die inneren und äußeren Haarzellen. Diese werden über die Innenohrflüssigkeiten herangeführten Schallwellen in Bewegung versetzt und wandeln die Bewegungsimpulse in Reizimpulse um (PLATH, 1971). Die inneren und äußeren Haarzellen unterscheiden sich jeweils in ihrem Aufbau und in ihrer Anzahl. Während die inneren 3.500 Haarzellen in einer Reihe angeordnet sind und divergente Verbindungen zu den Hörnervenfasern haben, sitzen die rund 12.000 äußeren Haarzellen in drei nebeneinander liegenden Reihen und weisen konvergente (verästelnde) Verbindungen zu den äußeren Hörnervenfasern auf. Das cortische Organ wird über die Reisnersche Membran wiederum von der Skala vestibuli (Vorhoftreppe) abgegrenzt, die den zweiten, mit Perilymphe gefüllten Raum darstellt.

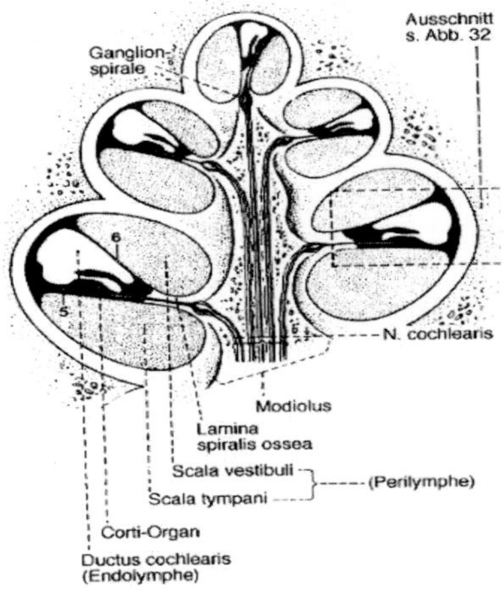

2.3.2 Funktion

2.3.2.1 Scala tympani und Scala vestibuli

Hammer, Amboss und Steigbügel dienen der mechanisch perfekten Übertragung der Luftschwingungen in die flüssigkeitsgefüllte Cochlea. Druckänderungen und Bewegungen gelangen über das ovale Fenster in die Scala vestibuli. Diese Bewegungen pflanzen sich nun über die Perilymphflüssigkeit durch die gesamte Schneckenlänge hindurch und gelangen über das Helicotrema in die Scala tympani. Von dort aus läuft die Wellenbewegung weiter bis zum membranbedeckten runden Fenster.

2.3.2.2 Häutiger Schneckengang

Am runden membranbedeckten Fenster wird die Bewegungsenergie an die Scala media weitergeleitet, die diese über die Endolymphflüssigkeit an die Basilarmembran mit dem cortischen Organ weitergeben. Die Rezeptoren für die Schwingungen stellen nun die Haarzellen dar, die, in Schwingung geraten, es zu einem Ionenaustausch kommen lassen, der wiederum Neurotransmitter freisetzt.

Nach neueren Erkenntnissen nehmen die äusseren Haarsinneszellen Reize nicht nur passiv wahr, sondern erzeugen durch Streckung und Stauchung bereits eine Beeinflussung der Wahrnehmung. Diese Kontraktionen der Haarzellen werden durch chemische, akustische und elektrische Reize hervorgerufen [BÖHME, WILZL-MÜLLER 1998]. Dies hat wiederum Einfluss auf die Amplitude der Wanderwelle, die dadurch verstärkt wird. Nur auf diese Weise sind die inneren Haarzellen in der Lage, ihre Stellung auch bei leisen Geräuschen auszulegen. Mechanische Impulse werden somit in elektrische Impulse umgewandelt und somit das Hören auch von leisen Geräuschen ermöglicht.

3 Die Entwicklung des Hörorgans und Hörentwicklung

3.1 Die Entwicklung des Hörorgans während der Schwangerschaft

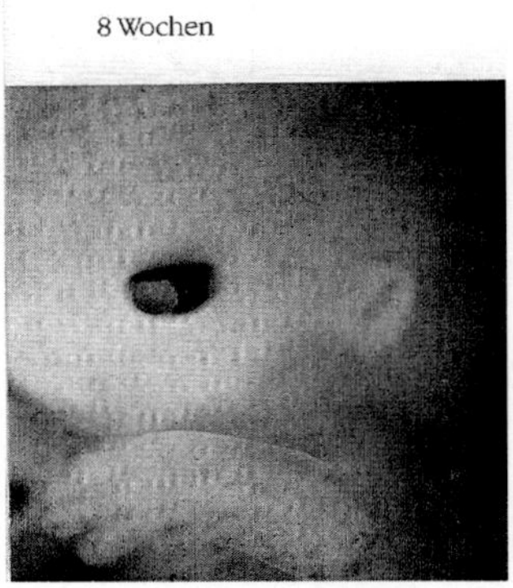

Embryo in der 8. Woche, Nilsson 1990:114

Die Entwicklung des Hörorgans findet bereits in der 4. Schwangerschaftswoche ihren Anfang. So entstehen auf beiden Seiten des rudimentären Kopfes zwei Strukturen, die am hinteren Teil des Gehirns ausgebildet werden. Aus diesen embryonalen Otozysten entstehen die Innenohren, die Schnecke und der Vestibularapparat. Im Verlauf der 5. – 10. Woche wird das Innenohr weiterentwickelt und verfeinert, die Bogengänge des Vestibularapparats herausgebildet. Die Schnecke, welche bisher noch ein langer Schlauch gewesen ist, rollt sich, vom unteren Ende ausgehend, gleichzeitig ein [ELIOT 2002].

Im selben Zeitraum wird das Außenohr mit Gehörgang und Trommelfell angelegt, ebenso wie die Ohrmuschel, die jedoch erst in der 8. Woche als solche zu erkennen ist. Das Mittelohr mit seinen Gehörknöchelchen wird ebenfalls in der 5. – 10. Woche ausgebildet und schiebt sich über den Rachenraum in seine endgültige Position [NILSSON, 1990].

Ab welch frühem Zeitpunkt die Entwicklung des Hörorgans bereits stattfindet, kann man daran erkennen, dass bereits in der 6. Woche sowohl die fürs Hören verantwortlichen Hörnerven, als auch die für die Verarbeitung akustischer Reize Kerne – Nuclei cochleari und Nuclei oblivari – deutlich zu erkennen sind [ELIOT, 2002]. In der 13. Woche sind die höheren Hörzentren im Stammhirn bereits vorhanden. Ab der 17. Woche sind die medialen Kniehöcker unterteilt. Abgesehen vom taktilen System wird kein anderes Sinnesorgan so schnell „in Auftrag gegeben". Dass das taktile System zum selben Zeitpunkt entwickelt wird, hängt damit zusammen, dass sowohl die Haut wie auch das Gehör aus demselben Ektoderm, also derselben Stammzellgruppe, entstehen.

In der 11. Woche sind die Windungen der Schnecke bereits abgeschlossen, wodurch sie schon zu diesem Zeitpunkt ihre endgültige Form erreicht hat. Sie zeigt bereits zu diesem frühem Zeitpunkt große Ähnlichkeit mit der Schnecke eines Erwachsenen, lediglich in ihrem Umfang nimmt sie noch zu.

Die für das Hören unverzichtbaren 16.000 – 20.000 Haarzellen werden im Zeitraum von 10 Wochen ab der 10. Schwangerschaftswoche ausgebildet, ebenso wie die ersten Flimmerhärchen. Die Haarzellen wiederum entstehen nicht überall gleichzeitig, sondern werden erst an der Basis ausgebildet und setzen sich von dort ausgehend in die Schnecke hinein fort. Interessant ist, dass die Haarzellen an der Basis anfangs empfänglich für niedrige Töne sind, während die Haarzellen am Ende der Schnecke sensibel auf höhere Töne reagieren. Ist das Gehör erst fertig ausgebildet, verhält es sich damit umgekehrt. Die Haarzellen an der Basis (die als Erste ausgebildet und fertig entwickelt sind) werden im Verlauf der weiteren Entwicklung immer sensibler für höher gelegene Geräusche und verlieren gleichzeitig ihre Sensibilität für niedrig gelegene Geräusche. Derselbe Prozess verläuft umgekehrt gleichzeitig am Ende der Schnecke, so dass die endgültige tonotope Abbildung erreicht wird. Dies erklärt auch den Umstand, dass Embryos anfangs nur auf niedrige Frequenzen reagieren.

In der 18. Schwangerschaftswoche sind die Hörrinden neuronal ausgereift und funktionsfähig (SPRENG, 2005). Die Hörrinde im Kortex ist von allen sinnesverarbeitenden Bereichen am frühesten entwickelt. Nur ein Teil des Kortex ist eher als der Hörsinn in der Lage, seine Arbeit aufzunehmen, nämlich jener, der für die Verarbeitung und Wahrnehmung von Berührungen verantwortlich ist.

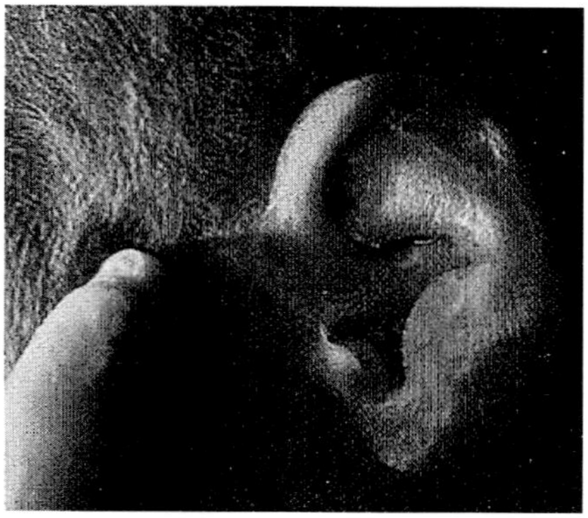

Ohrmuschel eine 5 Monate alten Fötus, NILSSON 1990:114

Aber der 25. Schwangerschaftswoche ist der Prozess der physiologischen Entwicklung des Hörorgans und des auditiven Kortex soweit abgeschlossen, dass der Fötus in der Lage ist, den Herzschlag seiner Mutter zu hören. Zu diesem Zeitpunkt fängt der Fötus an, auf äußere Stimuli zu reagieren. Zwar nimmt ein Fötus die äußere Umwelt, durch das ihn umgebende Fruchtwasser und die Flüssigkeiten in seinem Ohr, nur gedämpft wahr, dennoch können sie fast alle Umgebungsgeräusche „mithören“. So haben Föten sogar klare Präferenzen, was ihre Geräuschkulisse angeht. Verschiedene Untersuchungen haben gezeigt, dass sich sehr schnell ein Faible für klassische Musik ausbildet, wobei hier Mozart und Vivaldi, sowie die Musik des Barock die eindeutigen Favoriten sind [ELIOT, 2002; FLEISCHER, 2000].

3.2 Hörentwicklung während der Schwangerschaft

Abgesehen von der taktilen Wahrnehmung gibt es kein Sinnesorgan, welches seine Arbeit so schnell aufnimmt, wie das Gehör. Bereits zwischen der 14. – 24. Schwangerschaftswoche dürfte „fötales Hören“ angelegt sein [COOPER, 1984; MATSCHKE, 1993] denn bereits ab der 11. Woche nach der Empfängnis werden afferente Verbindungen aufgebaut, die ab der 14. Woche erste Verbindungen zu den bereits vorhandenen inneren Haarzellen aufnehmen. Efferente Nervenfasern laufen ab der 22. Woche zu den äußeren Haarzellen [COLE U. ROBERTSON, 1992], so dass der Fötus ab der 25. Schwangerschaftswoche anfängt, auf Umweltreize zu reagieren. Der Fötus isst nicht und er atmet nicht. Obwohl das taktile System noch früher als das auditive System aufgebaut und „einsatzbereit“ ist, verspürt er noch so gut wie keine Berührungen, da er im Fruchtwasser nahezu schwerelos schwimmt. All seine Bedürfnisse werden augenblicklich befriedigt, er verspürt weder Hunger noch Durst, weder ist es zu kalt noch zu warm. Untersuchungen zeigen, dass sich Föten streicheln und damit ihr taktiles System stimulieren, ab einer gewissen Größe schwimmt er nicht mehr „schwerelos“ im Fruchtwasser, sondern stösst wegen seiner Größe an die Bauchdecke und innere Organe der Mutter. Auch nimmt der Fötus über das Fruchtwasser bereits Geschmacks- und Geruchseindrücke war. Aber die dominantesten Eindrücke erhält der Fötus über das auditive System: die Stimme der Mutter mit ihrer charakteristischen Satzmelodie, ihren rhythmischen und Rhythmus gebenden Herzschlag, ihre Magen-Darm-Geräusche. Bei frühreifen Föten wurden bereits Reaktionen auf akustische Reize festgestellt, die sich gerade einmal in der 23. Woche befanden [ELIOT, 2000].

All diese oben genannten Geräusche sind Anreize für die Aus- und Weiterbildung auditiver Wahrnehmungsfähigkeiten und –prozesse. Der Fötus beginnt schon zu einem recht frühen Zeitpunkt, auf Geräuschereignisse mit Bewegungen zu reagieren. Was der Fötus jedoch genau hört, bleibt ungeklärt. Die Fähigkeit zum Beispiel, verschiedene Töne konkret voneinander differenzieren zu können, stellt sich relativ spät ein. Derselbe Ton in unterschiedlicher Höhenlage kann „erst“ ab der 35. Schwangerschaftswoche vom Grundton unterschieden werden. Die Wahrnehmungsfähigkeit wird allerdings noch während der Schwangerschaft so gut ausgebildet, dass der Fötus bereits ein „a“ von einem „i“ unterscheiden kann.

Zwar weiß man nicht genau, was der Fötus in welcher Weise hört, dennoch haben Untersuchungen mit Schwangeren gezeigt, dass Hörerfahrungen in erstaunlicher Weise sehr stark dem ähneln, was sich außerhalb der Gebärmutter abspielt. Bei diesen Untersuchungen wurde festgestellt, dass Frequenzen zwischen 500 – 4000 Hz am besten in die Gebärmutter eindringen [SPRENG 2005]. Interessant daran ist, dass sich ausgerechnet in diesem Frequenzbereich ein Großteil der menschlichen Sprache abspielt. Diese Geräusche können relativ ungestört wahrgenommen werden, sind jedoch in ihrer Lautstärke um etwa 40dB vermindert. So sind die nach innen dringenden Geräusche leiser und dumpfer, tiefere Töne gelangen effizienter zum Fötus als hohe Töne. Eine Hörerfahrung, die wir aus unserem Alltag sehr gut kennen: so hören wir die Basstöne bei lauter Musik, wenn diese durch Mauerwerk dringt, wesentlich besser als höher frequenten Töne. Entsprechend können männliche Stimmen weitaus besser wahrgenommen werden als die von Frauen. Eine Ausnahme hierin stellt die Mutterstimme dar, zum einen, da das Sprachorgan unmittelbar in der Nähe des Fötus liegt, zum anderen deswegen, weil der ganze Körper der Mutter als Resonanzkörper wirkt. Da die Ohren des Fötus mit Flüssigkeit gefüllt sind, werden Schallereignisse nicht nur über das Mittelohr an die Cochlea übertragen, sondern auch über die Knochenleitung. Der Säugling hört also mit seinem ganzen Körper [CONINX, 2003].

Ein Säugling verfügt demnach, wenn er auf die Welt kommt, bereits über 12 Wochen Hörerfahrungen, die diesen auch schon geprägt haben, d.h. es sind bereits deutliche Hörpräferenzen auszumachen.

Dass die gemachten Hörerfahrungen sogar gespeichert werden und eine Wiedererkennung ermöglichen, zeigen verschiedene experimentelle Untersuchungen. So können sich Säuglinge an Geschichten erinnern, die ihnen während der Schwangerschaft mehrmals vorgelesen wurden. Überprüft wurde dies mit Hilfe speziell präparierter Schnuller, über die festgestellt wurde, dass die Saugfrequenz und –intensität vom Säugling zunahm, wenn eine während der Schwangerschaft häufig und regelmäßig vorgelesene Geschichte erneut vorgelesen wurde (ELIOT, 2000). Dasselbe gilt für Melodien, Klänge und Geräusche (HEPPER, 1988). Dazu noch ein etwas kurioses Beispiel aus Großbritannien: so hörten Säuglinge mit dem Weinen auf, wenn sie die Anfangsmelodie einer Soap Opera hörten, die ihre Mutter regelmäßig während der Schwangerschaft angeschaut hatte (HEPPER 1988).

Während Säuglinge keinerlei Probleme haben, die Stimme ihrer Mutter zu erkennen, so bleibt dieser Effekt bei ihren Vätern völlig aus. Säuglinge erkennen die Stimme ihres Vaters selbst dann nicht, wenn dieser regelmäßig zu seinem Kind gesprochen hat. So präferieren Säuglinge allgemein weibliche gegenüber männlichen Stimmen, was so weit geht, dass selbst die Stimme einer fremden Frau der des Vaters vorgezogen wird [DECASPER & PRESCOTT 1984].

Zusammengefasst kann festgestellt werden, dass Säuglinge bereits 48 Stunden nach der Geburt auf Schallereignisse in einer Art und Weise reagieren, die darauf schließen lassen, dass Hörerfahrungen bereits während der Schwangerschaft wahrgenommen, verarbeitet und gespeichert werden [SPRENG, 2000]:

- Säuglinge bevorzugen eindeutig die Stimme der Mutter gegenüber der anderer Frauen und Männern [GRIMM 1995],
- Klänge und Melodien, die im Utero gehört wurden, werden schneller erkannt
- Kinder mit z.B. französisch sprechenden Müttern reagieren zwei Tage nach der Geburt auf Französisch, nicht auf Russisch. Daraus kann man schließen, dass intrauterin bereits Phonem-Lernen erfolgt
- Analog dazu reagieren Kinder, die von englisch sprechenden Müttern geboren werden, auf Englisch aber nicht auf Italienisch erst nach 2 Monaten, da hier die Ähnlichkeit zwischen den Sprache enger beieinander liegt.

3.3 Die Hörentwicklung während der ersten sechs Lebensjahre

Neben dem taktilen Sinn ist der Hörsinn der erste Zugang zur Außenwelt. Das Ohr – sprich auditive Wahrnehmung - ist elementar daran beteiligt, sich mit den vorhandenen Bedingungen vertraut zu machen. Nach dem taktilen Sinn ist das auditive System das erste Wahrnehmungssystem, das ausgebildet wird. Die Haut und das Gehör entstehen aus demselben Ektoderm. Das Ohr hört, die Haut fühlt. Der Zusammenhang zwischen Hören und Fühlen ist sprichwörtlich. Kommt ein Säugling auf die Welt, ist der elementarste Zugang zu dieser neuen Welt das Fühlen. Die warme schmiegsame Haut der Mutter gibt dem Kind Orientierung und Sicherheit. Es fühlt sich geborgen und aufgehoben. Intensiviert wird das Gefühl der Geborgenheit und das damit verbundenen Wohlsein durch das Hören der Stimme der Mutter, welche durch besänftigendes Zureden Verbundenheit, Nähe und Vertrautheit spendet.

Während der ersten zwei Lebensjahre bilden sich fundamentale Funktionen der auditiven Wahrnehmung durch die gemachten und gewonnenen Hörerfahrungen aus. So ist der Säugling unmittelbar nach der Geburt für die gesamte Vielfalt von Intensitäten und Frequenzen der menschlichen Sprache empfänglich. D.h. der Säugling ist in der Lage, alle Laute der menschlichen Sprache wahrzunehmen, zu verarbeiten und zu erlernen. Das Zeitfenster für diese Verarbeitungs- und Wahrnehmungszeit ist jedoch zeitlich begrenzt. Nach etwa 6 Monaten können nicht gehörte und damit erfahrene Laute nicht mehr so differenziert wahrgenommen werden, wie zuvor. So sind chinesische (nicht japanische) Kinder bereits im Alter von 6 Monaten nicht mehr in der Lage, zwischen einem /r/ und /l/ zu unterscheiden [DILLER, 2004]. Analog dazu haben Franzosen große Schwierigkeiten, das /h/ zu hören und zu reproduzieren.

Die Reifungsprozesse der auditiven Wahrnehmung in den ersten 18 Monaten sind entscheidend und weitestgehend genetisch determiniert [RUBEN, 1992]. In ihrer qualitativen Ausbildung sind sie jedoch absolut abhängig von genügend akustischer Simulation [ELIOT, 2000], da von dieser nicht nur die spätere Qualität der auditiven Wahrnehmung, sondern auch physiologisch gesehen das vollständige Ausreifen der Biomechanik im Innenohr abhängt.

3.3.1 Säuglingsphase (0. Monat bis 2. Lebensjahr)

Während Säuglinge kurz nach der Geburt noch offen für alle menschlichen Laute sind, spezialisiert sich das Gehör auf die Laute, die es angeboten bekommt und baut jene Neuronen und Synapsen ab, die während der ersten 6 Monate nicht genutzt werden.

Dabei laufen in dieser Phase charakteristische physiologische Grundprozesse ab, die wiederum genetisch determiniert sind. Zu einem werden bereits vorhandene Synapsen verwendet und gefestigt und es kommt zu einer fast explosionsartigen Ausbildung weiterer synaptischer Verbindungen. Zum anderen werden gleichzeitig nicht verwendete neuronale Netzwerke abgebaut (Atoptose), was nach dem Prinzip „use and disuse“ erfolgt [SPRENG, 2004].

Entwicklungsprozesse beruhen auf dem Erkennen regelmäßig wiederholter und für die Sprache und Umwelterkennung relevanter akustischer externer Reize. Diese Erfahrungen sind von sehr hoher Bedeutung für die kognitive Entwicklung und die auditive Wahrnehmungsqualität. Dabei führt jede Manipulation, die Art oder der Umfang der zu Beginn des Lebens erfahrenen akustischen Reize zu einer dauerhaften Veränderung der Struktur der Hörbahn und kognitiven Verarbeitung im auditiven Kortex. Dies gilt selbst für geringste Eindrücke der frühen akustischen Erfahrungen [ELIOT, 2000].

Der Säugling nimmt bei diesem Prozess eine aktive Rolle ein, indem er mit seiner Mutter eine äußerst dynamische, dyadische Beziehung aufnimmt. So reagiert das Kind mit großer Empfänglichkeit, Lust, Imitationsfähigkeit und Repetierfreudigkeit auf die Mutter, wenn sie in der so genannten Ammensprache mit diesem kommuniziert. Wesentliche Merkmale der Ammensprache sind dabei transkulturell identisch:

- die Sprache wird mit verminderter Sprachgeschwindigkeit angeboten,
- es wird überdeutlich artikuliert,
- das Gesagte wird mehrfach wiederholt.

All diese Merkmale zielen dabei auf spezialisierte, neuronale Detektorsysteme, die hochsensibel für Konsonant-Vokal-Folgen, Transienten (Frequenzmodulationen und Frequenzübergänge) und arteigene Laute sind, die aber auch den Anfang und das Ende von Schallreizen markieren [SPRENG, 2004].

Diese frühen sprachlichen Erfahrungen sind verantwortlich für die spätere Bandbreite von sprachlichen Lauten, die man aktiv und passiv zur Verfügung hat, die verarbeitet, wahrgenommen und verwendet werden können [ELIOT, 2000]. „*Es findet ein Verlernen von bestimmten Feinheiten statt, die unwichtig sind*" und beim Erwerb der Muttersprache nur eine Verwirrung des Kindes hervorrufen würden [CONINX, 2003:12].

In ähnlicher Weise gilt das nicht nur für die Bandbreite der verschiedenen Phoneme und deren Modulation der menschlichen Sprache, sondern ebenso für die Verarbeitung von anderen akustischen Umweltreizen, wie z.B. musikalische und natürliche Klänge. Je mehr Hörerfahrungen ein Kind in dieser sensiblen Phase mit Musik bekommt, desto besser ist folglich auch die Wahrnehmung von tonreinen Geräuschen, desto eher entwickelt sich ein „Ohr" für Musik, ein „Ohr" für verschieden Vogelstimmen, etc. [CONINX, 2003].

Ein zeitgleicher Prozess ist die Entwicklung des Sprachzentrums. Wahrgenommener Sprachrhythmus, Sprachmelodie und Betonung wirken sich hier als bedeutungstragendes Gliederungsprinzip aus und stellen somit die Basis für höhere kognitive Fähigkeiten dar. Dass es sich hierbei nicht um einen passiv-rezeptiven, sondern auch um einen aktiv-expressiven Akt des Säuglings handelt, kann daran verdeutlicht werden, dass etwas später in der Entwicklung Schallmuster vom Säugling selbst bereitgestellt werden, welche die kognitive Entwicklung nachhaltig beeinflussen. Der Säugling fängt an zu lallen. Die für die Sprachentwicklung wichtige Lallphase wird nicht nur durch von außen eindringende akustische Reize stimuliert, sondern ebenso auch von Geräuschen, die der Säugling selbst produziert. So hört er seinen Magen, einhergehend mit Berührungsempfindungen, spürt die Lippen vibrieren beim Ausstoßen von Luft, fühlt seine Lungen aufblähen und schrumpfen, den Brustkorb erweitern und verringern [SPRENG, 2004].

3.3.2 Sensible Kleinkindphase (2. – 6. Lebensjahr)

In dieser Phase treten keine großen Entwicklungsschritte mehr ein, vielmehr werden Verarbeitungs- und Wahrnehmungsprozesse verfeinert und weiter ausgebaut. Der wesentliche Faktor in dieser Entwicklungsphase ist die Zunahme der Geschwindigkeit, mit der diese Prozesse ablaufen. Des weiteren werden auditive Verarbeitungs- und Wahrnehmungsprozesse zunehmend und verstärkt mit anderen Sinnesleistungen verkoppelt, insbesondere mit kinästhetischen / propriozeptiven Wahrnehmungsleistungen, so dass sprachmotorische Prozesse eingeleitet werden können, denen auch ein entsprechend großer Speicher zugeordnet wird. Dazu kommt die Bildung semantischer-lexikalischer Strukturen.

Im Kleinkindalter wird die Fähigkeit des Lauschens entwickelt [SPRENG, 2004], eine Form der bewusst selektiven Aufmerksamkeitssteuerung, die es uns z.B. ermöglicht, bei einem Konzert die einzelnen Instrumente herauszuhören oder in einer großen Menschengruppe gezielt einer bestimmten Person zuzuhören.

3.3.3 Schulkindphase

Bis zum Eintritt in die Schule ist die Entwicklung des auditiven Systems weitestgehend abgeschlossen. Ihren endgültigen Abschluss findet sie dennoch erst frühestens ab dem 15. Lebensjahr [ELIOT 2000, SPRENG 2005].

Ein äußerst wichtiger Prozess der auditiven Wahrnehmung wird zu Beginn der Schulkindphase durch die so genannte „Phonematische Bewusstheit“ gekennzeichnet. Die „Phonematische Bewusstheit“ wird durch den Lese-Rechtschreibprozess eingeleitet und stellt eine Abstraktionsstufe des auditiven Wahrnehmens dar. Phonematische Bewusstheit ermöglicht Reimerkennung, Silbensegmentation, Laut-Wort-Zuordnung oder Lautsynthese [SUCHODOLETZ ET AL. 2006] .

Hat das Kind bis zum Schuleintritt Wörter als Ganzheit erfasst und begriffen, wird durch die Hinführung zur Phonem – Graphem – Korrespondenz, sowie der Graphem – Phonem - Korrespondenz das einst ganzheitliche Wort erstmals in seiner Struktur analysiert: die einzelnen Phoneme werden herausgelöst und analysiert, um anschließend wieder zusammengeführt, also synthetisiert zu werden. Dies erfordert höchst komplexe auditive Wahrnehmungsleistungen, wie Aufmerksamkeit, Gedächtniszugriffe und –Verarbeitungsprozesse, Analyse- und Synthesefertigkeiten, sowie semantische Bewusstheit und lexikalische Vollständigkeit.

Dabei entwickelt sich eine Hierarchie bei der Flexibilität und Geschwindigkeit der Informationsverarbeitung und Verhaltenssteuerung [SPRENG, 2005]. Dazu wird ein motivationsabhängiges Kontrollsystem unter Einbezug von Assoziationszentren etabliert. Da dies jedoch mehr den Schriftspracherwerb und weniger die Entwicklung des auditiven Systems betrifft, wird auf diese extrem komplexen Prozesse an dieser Stelle nicht weiter eingegangen.

4 Wahrnehmung

Das Essen eines Apfels ist ein ganz banaler Vorgang. Unter einer kleineren oder größeren Auswahl greift man sich ein bestimmtes Exemplar, das einem besonders frisch, knackig, saftig und somit appetitlich erscheint. Man greift sich jenes Exemplar, das durch seine Rundung, Symmetrie und Farbigkeit – bei einem Granny Smith grün leuchtend – ins Auge sticht. Man ergreift diesen Apfel, umfasst ihn mit seiner Hand, reibt ihn vielleicht noch kurz an seinem Ärmel, damit der Glanz perfekt wird, führt ihn anschließend zum Mund und beißt hinein. Man spürt den Gegendruck der Schale sowie das anschließende Nachgeben, wenn man zubeißt, das appetitanregende Knacken. Das Spritzen und Auslaufen des Saftes regt den Speichelfluss an. Dann erspürt die Zunge das abgebissene Apfelteil, führt dieses in die Backenseiten, wo es von den Backenzähnen zerbissen und zerkleinert wird. Damit die zermanschten Reste nicht aus dem Mund fallen, werden die Teilchen immer wieder mit der Zunge zurückgelenkt, um abschließend über den Akt des Schluckens, hinunter durch die Speiseröhre, in den Magen und den Verdauungstrakt gelangen. Während dieses Vorgangs sitzt man gemütlich auf einem Stuhl, die Beine locker übereinander geschlagen, rückt geschmeidig auf dem Stuhl ein wenig hin und her, bis die optimale Position gefunden ist und lauscht der Musik aus dem Radio. Man ist völlig entspannt, fühlt Zufriedenheit und lässt seine Gedanken kreisen.

Sinnliche Wahrnehmung ist unser Tor zur Welt. Sie ermöglicht uns, die Welt zu begreifen, sich in ihr zurecht zu finden und mit ihr zu agieren. Über unsere Sinnesorgane erfahren wir die Welt. Durch die Sinne können wir andere Lebewesen und Gegenstände hören, sehen, riechen, schmecken und fühlen. Unsere Sinne bestimmen unsere Eindrücke über unsere Umwelt und bestimmen damit unser Handeln, Fühlen und Denken, das uns wie selbstverständlich unser ganzes Leben begleitet. Mit Hilfe unserer sinnlichen Wahrnehmung können wir Gegenstände, Orte, Ereignisse, Oberflächen, Nahrungsmittel usw. identifizieren, in ihrem Zusammenhang erkennen und damit umgehen. Aus diesen sinnlichen Informationen gewinnen wir unsere Motivation und unser Handeln erhält dadurch seine Bedeutung. Nur durch unsere sinnliche Wahrnehmung sind wir in der Lage, ein grundlegendes Koordinationssystem aufzubauen, eine kognitive Landkarte zu entwickeln, die es uns ermöglicht, uns räumlich zu orientieren und unsere Bewegung im Raum und Zeit zu steuern. Dies geschieht, noch bevor wir Sprache verstehen, bevor wir uns sprachlich mitteilen können, im frühen Säuglings- und Kindesalter. Des Weiteren ermöglicht unsere Wahrnehmung unsere soziale Kommunikationsfähigkeit, einschließlich unserer Sprache.

Unserer Wahrnehmung ist „... *die Nahtstelle zwischen innen und außen, zwischen dem Menschen und der Welt.*“ [ZIMMER 1999:15]

All dies läuft nebenher, scheinbar mühelos. Wir handeln und interagieren mit unserer Umgebung, mit Personen und Gegenständen und finden vor allem auch durch unsere sinnliche Wahrnehmung erst ein Verständnis für uns selbst. Wenn wir dagegen Probleme haben, uns im Alltag zurecht zu finden, handeln wir „sinnlos“, wir sind nicht mehr „bei Sinnen“ – um nur einige Beispiele zu nennen. Obwohl wir uns im Alltag kaum mit der Bedeutung unserer sinnlichen Wahrnehmung beschäftigen, schlägt sich ihre fundamentale Bedeutung für uns in der Sprache nieder. So gibt es zahllose Begriffe, Floskeln, Phrasen und Sprichwörter, die sich mit unseren Sinnen beschäftigen, diese beschreiben und ihre Bedeutung für uns darstellen.

Lange Zeit war man der Ansicht, dass Wahrnehmung als passiver Vorgang gleichzusetzen sei mit der reinen Aufnahme von Reizen aus der Umwelt. Heute weiß man, dass es sich nicht um ein passives Aufnehmen von Reizmustern handelt, sondern dass der Mensch über aktive Gestaltung und Manipulation seiner Umwelt sich seine Umwelt handelnd aneignet. Dabei spielen die Aufmerksamkeitsprozesse eine entscheidende Rolle [BARTH 1997]. Indem wir als Kinder mit unserer Umwelt spielerisch erprobend umgehen, sensibilisieren wir unsere Sinnesorgane [ZIMMER 1995] und beginnen damit einen aktiven Such- und Konstruktionsprozess [BARTH 1997]. Damit unsere Umwelt für uns begreiflich und fassbar wird, muss man sich mit Ursache und Wirkung auseinandergesetzt haben. Mittels unserer Sinne sind wir in der Lage, zu erkennen, wie wir auf die Umwelt wirken und umgekehrt. Daraus ergibt sich unsere Wirklichkeit [AFFOLTER 1995]. Die Folge eines Nicht-Nutzens der Sinne haben Experimente der NASA gezeigt [KÜKELHAUS 1991]: Astronauten wurden in erschütterungsfreie Bassins gelegt, jegliche Sinnesinformation wurde weitestgehend eingeschränkt durch absolute Licht- und Lautlosigkeit. Das Wasser hatte Körpertemperatur und der Körper war in Watte gepackt. Die Experimente mussten bereits nach 10-15 Minuten abgebrochen werden, da es neben dem Auflösen von Raum- und Zeitvorstellungen und dem Einsetzen von Illusionen auch zu Funktionsstörungen des Zwischenhirns kam, so dass die Versorgung mit Hormonen nicht mehr gewährleistet war. Des Weiteren kam es zu einer sprunghaften Vermehrung der weißen Blutkörperchen, so dass der Zustand lebensbedrohlich wurde.

4.1 Definition der Wahrnehmung

Eine Definition der Wahrnehmung liefert uns ZIMMER (1999:32): „Unter Wahrnehmung versteht man den Prozess der Informationsaufnahme aus Umwelt- und Körperreizen (äußere und innere Wahrnehmung) und der Weiterleitung, Koordination und Verarbeitung dieser Reize im Gehirn. In diesen Prozess gehen individuelle Erfahrungen, Erlebnisse und subjektive Bewertungen ein. In der Regel folgen der Aufnahme und der Verarbeitung von Informationen Reaktionen in der Motorik oder im Verhalten eines Menschen, die wiederum zu neuen Wahrnehmungen führen."

Eine ähnliche Definition lautet [ARNOLD et al, 1987]: "Die Wahrnehmung ist eine psychologische Funktion, die dem Organismus (mittels spezifischer Einrichtungen, der Sinnesorgane) die Aufnahme und Verarbeitung von Informationen betreffs Zustand und Veränderungen der Außenwelt ermöglicht."

Es gibt zahlreiche Theorien zur Wahrnehmung. Schon die Griechen unternahmen den Versuch, das Phänomen der Wahrnehmung zu begreifen und zu beschreiben. Historisch gesehen entstand das Interesse an der Theorie der Wahrnehmung aus dem Verlangen heraus zu erkennen, ob das Wissen über die Welt auf Grundlage von Informationen, die wir über unsere Sinne erhalten, überhaupt zu rechtfertigen sei [MAUSFELD, 2005].

Die Theorien der Wahrnehmung reichen dabei von Elementarismus über Zeichen- und Gestalttheorie, von funktionalistischen und ökologischen Perspektiven hin zu kognitivistischen und computerorientierten Ansätzen. Zu diesen Theorien heißt es bei ARNOLD et. al. (1987) "*Die ... Theorien haben, trotz zahlreicher Überschneidungen, bestenfalls "lokalen" Charakter. Bestenfalls stehen gegenwärtig ... einige Teilerklärungen zur Verfügung, die zwar selten widersprüchlich, meist aber unvollständig sind. Sie vermitteln zwar einige Eindrücke über Wahrnehmungsmöglichkeiten und Wahrnehmungsentwicklung des Individuums, aber in keiner Weise vermögen sie ein angemessenes Bild oder Modell des wahrnehmenden und funktionierenden Organismus zu verschaffen*". Oder, wie ein kluger Kopf (leider ist dieser unbekannt) einmal formulierte: "Wenn unser Gehirn so einfach wäre, dass wir es verstehen könnten, wären wir so einfach, dass wir es nicht könnten".

4.2 Der Aufbau unseres Wahrnehmungssystems

Wenn wir im Alltag unsere gedankliche Aufmerksamkeit auf Wahrnehmung richten, so neigen wir dazu, auf zwei Formen der Wahrnehmung hin zu fokussieren: auf das, was wir sehen und das, was wir hören. Die Mannigfaltigkeit unserer sinnlichen Erfahrungen wird dabei „aus den Augen verloren". Wie komplex unser Wahrnehmungssystem ist, zeigt das einfache Beispiel mit dem Apfel. Denn neben den visuellen und auditiven Informationen bedarf es eines äußerst komplizierten und komplexen Zusammenspiels weiterer sinnlicher Informationen, die zu einem Gesamteindruck integriert werden müssen, damit ein so banaler Vorgang, wie der des Apfel-Essens, überhaupt stattfinden kann.

Unser Wahrnehmungssystem besteht aus sieben verschiedenen Sinnesbereichen, mit denen wir Informationen aus unserem Körper und der Umwelt aufnehmen und verarbeiten. Dabei unterscheiden wir:

- Nahsinne, bei denen unmittelbarer Kontakt des Körpers mit der Reizquelle besteht. Zu diesen zählen:
  - Die taktile Wahrnehmung
  - Die kinästhetische, propriozeptive Wahrnehmung
  - Die vestibuläre Wahrnehmung
  - Die gustatorische Wahrnehmung

- Fernsinne, bei der die Reizquelle vom Körper entfernt lokalisiert ist
  - Die olfaktorische Wahrnehmung
  - Die visuelle Wahrnehmung
  - Die auditive Wahrnehmung

Grundbegriffe der Wahrnehmung:

- Sinnesmodalität:
  Unter einer Sinnesmodalität versteht man eine Gruppe ähnlicher Sinneseindrücke, die über ein Sinnesorgan aufgenommen und einheitlich vom zentralen Nervensystem verarbeitet werden.

- Qualität und Quantität:

  Innerhalb einer Sinnesmodalität kann zwischen Qualität und Quantität unterschieden werden . Während die Qualität die verschiedenen Aspekte einer Modalität beschreibt, wie beim Geschmackssinn „süß – sauer“, beschreibt die Quantität die Stärke eines Reizes.

- Rezeptoren

  Rezeptoren reagieren auf die Umweltreize, indem sie diese aufnehmen. Rezeptoren haben sich auf bestimmte Umweltreize spezialisiert und sind auf den entsprechenden Sinnesorganen lokalisiert.

- Afferente und efferente Bahnen

  Bei den afferenten (aufsteigenden) Bahnen handelt es sich um jene Nervenbahnen, die die Reizimpulse der Sinnesmodalitäten an das ZNS weiterleiten. Auf den afferenten Bahnen finden Verarbeitungsprozesse statt, die damit einen großen Einfluss auf die Sinneswahrnehmung haben.

  Efferente (absteigende) Bahnen leiten (emotionale, motivationale etc.) Informationen vom ZNS an die Sinnesmodalitäten weiter und haben damit einen Einfluss darauf, wie was in welcher Intensität usw. aufgenommen wird.

Zum Bereich der Nahsinne zählen:

die taktile Wahrnehmung:

Das für die taktile Wahrnehmung verantwortliche Sinnesorgan ist unserer Haut und mit knapp $2m^2$ unser größtes Sinnesorgan. Die Haut umgibt unseren gesamten Körper. Sie bildet eine Grenze zwischen dem Außen und Innen, damit regelt sie die Beziehungen von Körpergeschehen und Umwelt [FALLER, 1978]. Genau genommen setzt sich die taktile Wahrnehmung aus mehreren Sinnesmodalitäten zusammen und ist daher mit einer Vielzahl an sensorischen Wahrnehmungsrezeptoren ausgestattet. So gibt es Autoren, die die taktile Wahrnehmung nicht als Summe, sondern als unabhängige Sinnesmodalitäten behandeln, so dass der Mensch in der Folge nicht über sieben, sondern über zehn Sinne verfügt. So nimmt die Haut folgende Sinneseindrücke über unabhängige Rezeptoren voneinander auf und setzt die mannigfaltigen Sinneseindrücke erst im Kortex zu einer Einheit zusammen:

- Schmerzwahrnehmung
- Temperaturwahrnehmung, mit unabhängig voneinander arbeitenden Wärme- und Kälterezeptoren
- Druckwahrnehmung

Über diese Wahrnehmungsmodalitäten verspüren wir Druck, Zug, Berührung und Vibration. Die taktile Wahrnehmung ermöglicht uns, den Ort, die Intensität und die Qualität einer Berührung zu empfinden. Das taktile System ist das am frühesten ausgereifte Sinnesorgan. Zum Zeitpunkt der Geburt ist es voll funktionsfähig und stellt damit neben dem Gehör das erste Medium des sozialen Austausches dar [MONTAGU 1971]. Über unsere Haut erfahren wir in den ersten Lebensmonaten die überlebensnotwendige Zärtlichkeit, Wärme und Trost und verspüren emotionales Wohlbefinden. Zwar ist dem Säugling die Temperaturregelung des Organismus über die Haut noch nicht möglich, die Funktion des Zitterns und Schwitzens nicht vorhanden, dennoch nimmt der Säugling über seine Haut die Umwelt wahr wie ein Erwachsener.

Über die taktile Wahrnehmung erfassen wir die Ausdehnung und die Grenzen eines Gegenstandes, hier die Form des Apfels. Wir erhalten über seinen Gegendruck Informationen darüber, ob der Apfel weich, fest oder hart ist, erhalten Informationen über die Oberflächenstruktur seiner Schale (rauh, glatt etc.) und erfühlen seine Temperatur. Indem wir den Apfel in die Hand nehmen, bilden wir eine Vorstellung über Proportionen, Maße und geometrische Figuren von Materialien und Gegenständen.

Weitere Funktionen der Haut sind [ZIMMER 1995]:

- Temperaturregelung des Organismus,
- Abgabe von Giftstoffen über das Schwitzen,
- Schutz vor mechanischen Verletzungen und Strahlenschäden
- Atmung.

Die Bedeutung des Sinnesorgans Haut spiegelt sich ebenso in unserer Sprache wider: „Aus der Haut fahren“, „sich in seiner Haut nicht wohl fühlen“, „in deiner Haut möchte ich nicht stecken“, oder auch Begriffe wie „dünnhäutig“ und „fassbar bzw. unfassbar“, „haltlos“ sind nur einige Beispiele.

die kinästhetische/propriozeptive Wahrnehmung:

„Kinästhesie“ kommt aus dem Griechischen und setzt sich aus bewegen und empfinden zusammen. Der Begriff „propriozeptiv“ entstammt dem lateinischen Begriff „proprius“, was übersetzt „der eigene“ heißt und beschreibt die durch sensomotorische Vorgänge im eigenen Organismus entwickelten und wahrgenommenen Reize.

Kinästhetische/propriozeptive Wahrnehmung meint also die Wahrnehmung der Eigenbewegung des Körpers in Hinblick auf seine Raum-, Zeit- und Spannungsverhältnisse. Über diese Sinnesmodalität erhalten wir eine Orientierung über die Stellung unsere Glieder zueinander, nehmen Bewegungen unserer Muskeln und Gelenke, sowohl über Fremdeinwirkung als auch über Eigenaktivität, wahr. Über verschiedenste Rezeptoren, die an Muskeln, Sehnen, Bändern und Knochen liegen, erhält unser Gehirn die Informationen, die es benötigt, um unseren Körper als Bewegungs- und Haltungsapparat zu regulieren und zu steuern. Daneben liefert uns die kinästhetische/propriozeptive Wahrnehmung Informationen über Geschwindigkeit und Richtung einer Bewegung, sowie das Maß der Muskelkraft, das eingesetzt werden muss, um sich z.B. fortzubewegen, still zu sitzen oder einen Gegenstand zu greifen.

Dieser Wahrnehmungsbereich läuft fast komplett unterhalb der Bewusstseinsebene ab. Lediglich beim Erwerb neuer Bewegungsmuster, also meist beim Erlernen sportlicher Betätigungen, aber eben auch beim Schreiben-Lernen, findet ein bewusstes und zielgerichtetes Wahrnehmen statt. Beim Erwerb neuer Bewegungsmuster muss die kinästhetische/propriozeptive Wahrnehmung eng mit dem taktilen und vestibulären System zusammenarbeiten. Über die Informationen aus dem vestibulären System müssen die Körperbewegungen verrechnet werden, über das taktile System können Gegenstände gegriffen werden. Über die Druckrezeptoren der Haut wird erst eine zielgerichtete Kraftdosierung möglich. Damit ist diese Wahrnehmungsmodalität dafür verantwortlich, dass ein Gegenstand mit entsprechender Muskelkraft gefasst werden kann. Über die intermodale Verknüpfung der kinästhetischen, vestibulären und taktilen Wahrnehmungsmodalitäten sind wir in der Lage, Gegenstände zu greifen, ohne sie zu beschädigen oder aus der Hand zu verlieren usw.

Eine gut funktionierende Wahrnehmung ist Voraussetzung für [BARTH 1997: 65 ff.]:

- *das Erlernen und Ausführen von schnellen und flüssigen Handlungsabläufen,*
- *für die Speicherung bisher gemachter Bewegungsabläufe und deren Automatisierung,*
- *für die Entwicklung der Fähigkeit, Handlungen sinnvoll, zweckmäßig und zielgerichtet zu planen und auszuführen,*
- *für die Lautbildung: Um Laute und Sprache zu bilden, muss das Kind genaue Informationen über die Muskelspannung im Mundbereich erhalten. Nur so ist eine lautgerechte Entwicklung der Artikulation möglich,*
- *für die Fähigkeit, schriftliche Symbole (z.B. Buchstaben) in Form motorischer Handlungsabläufe aus dem Gedächtnis abzurufen (Bewegungsgedächtnis). Mit Hilfe der taktil-kinästhetischen Wahrnehmung wird die Buchstabengestalt über das Bewegungsgedächtnis gespeichert und kann auf diesem Wege behalten, vorgestellt und wieder abgerufen werden,*
- *Für die Entwicklung der Formwahrnehmung und Formunterscheidung. Die kinästhetische Wahrnehmung ist wichtig für den Aufbau der räumlichen Tastwelt und die Raumvorstellung sowie für die Kontrolle der eigenen Bewegungen,*
- *Auch die Speichelkontrolle hängt von einer guten kinästhetischen Wahrnehmung des Mundbereichs ab.*

Wie sich eine Störung dieses Systems auswirkt (auf die hier nicht weiter eingegangen wird), wird eindrucksvoll von der Schweizer Forscherin FÉLICIE AFFOLTER in ihrem Buch „Wahrnehmung, Wirklichkeit und Sprache“ (1995) dargestellt.

Diese Sinnesmodalität erlaubt uns über Rückmeldungen von Muskeln, Gelenken und Sehnen den erwählten Apfel zu greifen, diesen mit der ganzen Hand oder nur am Stil mit wenigen Fingern zu ergreifen, dabei den Druck so zu dosieren, dass er weder aus der Hand fällt, noch dass er zerdrückt wird, sowie diesen in einer flüssigen und geschmeidigen Bewegung zum Mund zu führen, ohne dabei hinzuschauen. Diese Wahrnehmungsmodalität erlaubt es uns ferner, den Apfelbissen – über die Zungenmotorik – im Mund zu halten, so dass dieser beim Kauen nicht heraus fällt.

die vestibuläre Wahrnehmung:

Die konstanteste Kraft, die während unseres gesamten Lebens auf uns einwirkt, ist die Schwerkraft. Das vestibuläre System, welches anatomisch und funktionell eng mit dem auditiven System verknüpft ist, wertet die Information der Schwerkraft permanent aus und ermöglicht es, unsere Lage und Position im Raum zu empfinden und uns damit zu orientieren.

Das vestibuläre System ist somit für die Aufrechterhaltung unseres Körpers und für die Orientierung im Raum verantwortlich. Es befähigt den Organismus darüber hinaus, Beschleunigungen und Drehbewegungen, sowie Auf- und Abwärtsbewegungen wahrzunehmen und sich darauf einzustellen. Das vestibuläre System ist eng mit der kinästhetischen und taktilen Wahrnehmung verbunden. Es reguliert die Augen- und Nackenmuskulatur und ermöglicht damit, unsere Augen auf einen bestimmten Punkt hin zu richten. Es hat ebenso einen wesentlichen Einfluss auf das auditive Gedächtnis. Durch seine zentralnervöse Verbindung zu mehreren Hirnarealen, darunter das limbische System, das Kleinhirn, die Formatio recticularis u.a., stellt es eines der wichtigsten Basissysteme dar [BARTH 1997]. Des weiteren wird über die Stimulation des vestibulären Systems das Wachheits- und Spannungsniveau beeinflusst. Störungen des Vestibularapparats durch Über- oder Unterfunktion können zu mannigfaltigen Störungen führen, wie z.B. Köperorientierungs-, bzw. Körperschemastörungen, zu Dysplaxien (Bewegungsplanstörungen), zu Raumwahrnehmungsstörungen usw. Auch hier sei auf das Buch von F. AFFOLTER verwiesen, die Auswirkungen von Störungen dieser Sinnesmodalität ausführlich und eindrucksvoll beschreibt.

Der Gleichgewichtssinn ermöglicht uns, still auf einem Stuhl zu sitzen ohne dabei herunter zu fallen, während man nach dem Apfel greift. Die Beugung des Oberkörpers, die ausholende Bewegung des Armes bei gleichzeitiger Lageveränderung der Beine bewirkt zahlreiche Schwerpunktveränderungen des Körpers, die über das vestibuläre System so ausgewertet werden und an das kinästhetische/propriozeptive System weitergeleitet werden, damit der Körper mit ausgleichenden (meist minimalen) Bewegungen so darauf reagieren kann, dass man auf dem Stuhl sitzen bleiben kann.

Die gustatorische Wahrnehmung:

Die Geschmackswahrnehmung bestimmt die chemische Qualität von Gegenständen und setzt sich aus vier Sinnesreizen zusammen: süß, sauer, salzig und bitter. Erst durch den Geschmackssinn können wir Nahrung genießen und ähnlich aussehende Nahrungsmittel voneinander unterscheiden.

So ist der dominante Eindruck beim Biss in den Apfel eine Kombination aus fruchtiger Süße und feiner Säure. Das eigentliche Aroma des Apfels ergibt sich allerdings aus der chemischen Zusammensetzung von Duft- und Aromastoffen, die über das olfaktorische System wahrgenommen werden und mit dem gustatorischen System zu einem einheitlichen Empfinden zusammengesetzt werden. Die Kombination des gustatorischen und olfaktorischen Systems ist dabei so eng miteinander verknüpft, dass viele Nahrungsmittel überhaupt nicht mehr unterschieden werden können, wenn die Nase zugehalten und die Augen verbunden werden.

Zum Bereich der Fernsinne gehören:

Die visuelle Wahrnehmung:

Allgemein gilt das visuelle System als das für den Menschen bedeutendste. Mit Hilfe unserer visuellen Wahrnehmung sind wir in der Lage, Gegenstände zu erkennen, zu unterscheiden, zu ordnen und zu interpretieren. Damit die visuelle Wahrnehmung störungsfrei funktionieren kann, bedarf es intakter Sinnesorgane und einer guten Rumpf-, Kopf- und Nackenkontrolle und Augenmuskelkoordination.

Dem visuellen System werden mehrere Aufgaben und Funktionen zugeordnet. Diese Funktionen werden wie folgt unterteilt:

- Figur – Grund – Wahrnehmung
- Visuomotorik, oder auch Auge – Hand – Koordination
- Wahrnehmungskonstanz
- Visuelle Raumlage
- Wahrnehmung räumlicher Beziehungen
- Formwahrnehmung
- Formkonstanz
- Farbwahrnehmung
- Visuelle Reihen- bzw. Symbolfolgegedächtnis
- Visuelle Aufmerksamkeitsspanne

Die Bedeutung des visuellen Systems, auch Gesichtssinn genannt [ZIMMER, 1995; Eliot, 2000], manifestiert sich auch in unserer Sprache, „Mir geht ein Licht auf", „Durchblick haben", „etwas durchschauen", „aus den Augen verlieren" etc., aber auch häufig verwendete Wörter wie: „offensichtlich, überschaubar, durchschaubar..." sind ein deutlicher Beleg für die Bedeutsamkeit dieses Wahrnehmungssystems.
Über die Augen nehmen wir 200mal mehr Sinnesinformationen auf, als über das Gehör. Von zehn Sinneseindrücken gelangen neun über die Augen in das Gehirn [ELIOT 2000]. Damit ist Sehen einer der am häufigsten gebrauchten und benutzten Sinne. Entsprechend ist das visuelle Wahrnehmungssystem auch der Wahrnehmungsbereich, welches den größten Eingang in wahrnehmungspsychologische Werken findet. Dennoch stellt das visuelle System nicht unseren wichtigsten und vor allem auch nicht unseren verlässlichsten Sinn dar. Denn Sehen bedeutet nicht gleich Sehen. Visuelle Wahrnehmung ist mehr als das Aufnehmen und Verarbeiten optischer Eindrücke. Was wir sehen, ist abhängig vom subjektiven Standpunkt und wie kein anderes Sinnessystem abhängig von Interessen, Gewohnheiten und beruflichen Aufgaben [ZIMMER 1995]. Mehr als jedes andere Sinnesmodalität können visuelle Eindrücke verfälscht oder missinterpretiert werden. Faktoren neben den o.g. sind Eile und Hektik, Wachheitszustand und Aufmerksamkeitsniveau. Dabei gilt, je erregter wir sind, desto effektiver nehmen wir innerhalb bestimmter Grenzen wahr. Der Erregungszustand selbst ist eine Funktion des vorangegangenen Wahrnehmungsgeschehens [FISCHER, 2000].

Gerade wegen der übermäßigen visuellen Reizfülle (durch elektronische Medien, Reklameschildern und –tafeln, Computerspiele und Fernsehen) sind wir gezwungen, aus den vorhandenen Informationen zu selektieren und nur das weiter zu verarbeiten, was für uns von Bedeutung ist. Die Notwendigkeit der Vorselektion ist einerseits Voraussetzung, um überhaupt einen „Durchblick" zu erhalten, andererseits stellt diese das Gefahrenpotential für falsche, zweifelhafte oder auch täuschende Informationen dar.

Wie unverlässlich dieses Wahrnehmungssystem ist, lässt sich eindrucksvoll an Kippbildern, oder den Werken des niederländischen Künstlers Esser belegen. Ohne weiteres können dem visuellen System Reize und Informationen angeboten werden, die unserem Vorwissen, unsere Logik usw. komplett widersprechen, dennoch werden sie vom visuellen System für „bare Münze" genommen.

Die olfaktorische Wahrnehmung

Im Vergleich zu den anderen Sinnesorganen und Wahrnehmungsbereichen, ist der olfaktorische Wahrnehmungsapparat sowohl in seiner biologischen, wie auch in seiner sinnlich-physiologischen Funktionsweise der am wenigsten erforschte Sinn. Zwar gibt es zahlreiche Theorien, wie die Geruchswahrnehmung an den Neurorezeptoren im Naseninneren und die Verarbeitung dieser Informationen im Gehirn vonstatten geht, dennoch gibt es keine in sich stimmige und analytisch sinnesphysiologische Theorie dazu [MAIWORM, 1993].

Der Geruchssinn stellt sowohl einen Nah- wie auch einen Fernsinn dar. Geruchliche Eindrücke können wir selbst noch von weit entfernten Ereignissen wahrnehmen. Zusammen mit dem Geschmackssinn ergibt sich das typische Aroma von Nahrungsmitteln. Sowohl die olfaktorische, wie auch die gustatorische Wahrnehmung gehören zu den chemischen Sinnen. Das heißt, die jeweiligen Rezeptoren reagieren auf chemische Botenstoffe. Inwieweit die olfaktorischen und gustatorischen Wahrnehmungsweisen synergetisch aufeinander wirken und in welcher Form diese unabhängig voneinander sind, ist bis heute völlig ungeklärt. Zwar können die Sinnesrezeptoren anatomisch und funktionell dem jeweiligen Sinnesorgan zugeordnet werden, es ist nachgewiesen, dass die eingehenden Reize auf neuronaler Ebene auch unabhängig voneinander ausgewertet, interpretiert und analysiert werden. Wie sich die synergetischen Wechselwirkungen und Zusammenhänge zueinander auswirken, ist dennoch völlig ungeklärt. Letztlich aber entscheidet die Nase, was angenehm schmeckt: Der Anzahl von mehreren Millionen Riechsensoren, die etwa 90% aller Sinneseindrücke während einer Mahlzeit analysieren, stehen nur ca. 2000 Nervenenden gegenüber, die die vier Geschmacksrichtungen süß, sauer, salzig und bitter verarbeiten (BURDACH, 1988).

Die auditive Wahrnehmung

Die auditive Wahrnehmung erfolgt durch die Aufnahme von Schallereignissen, deren Weiterleitung über die zentrale Hörbahn, in der bereits eine Vorverarbeitung stattfindet, und ihre kognitive Verarbeitung in Form von Speicherung, Differenzierung, Analyse, Synthese, Ergänzung und Integration akustischer Strukturen. Diese werden unterteilt in Klang, Lautstärke, Tonhöhe, usw. Die Funktion, Verarbeitung und Wahrnehmungsweise wird ausführlich in Kapitel 4.4. behandelt.

Sinnessystem	Erkenntnistätigkeit	Sinnesorgan	Rezeptoren	Reiz	Gewonnene Information
1. Visuelles System	Sehen	Auge	Photorezeptoren, Stäbchen, Zapfen	Lichtwellen	Helligkeit, Farben, Form, Beurteilung und Lage von Objekten und Lebewesen
2. Auditives System	Hören	Ohr	Mechanorezeptoren (Akustische Rezeptoren)	Schalldruckwellen	Tonhöhe, Klänge, Lautstärke, Geräusche, Sprache, Art und Ort der Schallereignisse
3. Taktiles System	Tasten, Berühren	Haut, Hand, Mund	Berührungs- und Temperaturrezeptoren, Mechanorezeptoren	mechanische Reize, Hautberührung	Größe, Form, Konsistenz, Oberflächenbeschaffenheit von Objekten, Temperatur
4. Kinästhetisches System	Tiefensensibilität, Bewegungsempfindung	Sehnen, Muskeln, Gelenke	Propriozeptoren	Muskelkontraktion, Eigenbewegung	Stellung der Körperteile zueinander, Muskelspannung, Kraft des eigenen Körpers, Gewicht von Objekten
5. Vestibuläres System	Gleichgewichtsregulation	Vestibularapparat	Mechanorezeptoren	lineare Beschleunigung, Winkelbeschleunigung	Lage und Orientierung im Raum, Beschleunigung des eigenen Körpers, Gleichgewichtsempfinden
6. Geruchssystem (olfaktorisches System)	Riechen	Nase, Nasenhöhle	Chemorezeptoren, Riechzellen	gasförmige, chemische Verbindungen	Umweltkontrolle, Hygiene, Nahrungskontrolle
7. Geschmackssystem (gustatorisches System)	Schmecken	Mund, Mundhöhle, Gaumen, Zunge	Chemorezeptoren, Mechanorezeptoren, Geschmacksknospen	chemische Reize	Nahrungskontrolle, Steuerung der Nahrungsaufnahme und -verarbeitung

(Quelle: Zimmer, Handbuch der Sinneswahrnehmung)

Grafik ZIMMER, 1999:55

4.3 Der Wahrnehmungsprozess

Wahrnehmung ist ein „[...] Prozeß des Informationsgewinns aus Umwelt- und Körperreizen (äußere und innere Wahrnehmung) einschließlich der damit verbundenen emotionalen Prozesse und der durch Erfahrung und Denken erfolgenden Modifikation.“ [FRÖHLICH 1990]

Zur Wahrnehmung gehören Reizaufnahme, Weiterleitung, Speicherung, Vergleich mit dem bisher Wahrgenommenen, Koordination von Einzelreizen, Reizverarbeitung, Reaktion und die Kontrolle über die erfolgte Rückmeldung [FRANKE 1998].

Der Wahrnehmungsprozess ist extrem kompliziert und so komplex, dass hier nur eine schematische Darstellung gegeben wird. Wie komplex das Wahrnehmungssystem ist, zeigt die in Kapitel 4.4. dargestellte Struktur der auditive Wahrnehmung, die exemplarisch für die anderen Sinnesorgane und –wahrnehmungen betrachtet werden kann.

Über Rezeptoren werden Reize von den entsprechenden Sinnesorganen aufgenommen. Die Rezeptoren reagieren auf Reize, die äußerer oder innerer, chemischer oder physikalischer Natur sind. Bereits bei der Reizaufnahme wird auf Rezeptorebene eine subjektive Auswahl getroffen (Faktoren dafür siehe visuelle Wahrnehmung). Diese Reize werden erst in nervöse Impulse transformiert und anschließend über afferente Nervenbahnen zu den entsprechenden kortikalen Zentren im Gehirn weitergeleitet. Die spezifische Verschlüsselung erfolgt in chemischen, elektrischen oder biochemischen Prozessen. Bei der Weiterleitung der Nervenimpulse an das ZNS wird eine Vielzahl von Zwischenstationen durchlaufen. Hier findet eine Vielzahl von Selektionsvorgängen statt, die über Top-Down-Prozesse gesteuert werden. In den kortikalen Zentren (meist in den Schläfen- und Scheitellappen) finden dann die eigentlichen Wahrnehmungsprozesse statt. Nachdem die Sinnesdaten verarbeitet wurden, kommt es erst zur intramodalen, dann zur inter- und letztlich zur multimodalen Verknüpfung, damit ein kohärenter Sinneseindruck entstehen kann. Während die Sinneseindrücke verarbeitet werden, finden zahlreiche Arbeitsvorgänge statt. Die gewonnen Sinneseindrücke werden kategorial geordnet, mit bereits Vorhandenem verglichen, Neues wird gespeichert usw. Letztlich kommt es dann zur passenden Reaktion, z.B. einer motorischen Reaktion.

Die Entwicklung der Wahrnehmung verläuft in drei Stufen [ZIMMER 1995]:

1. *Modalitätsspezifische (intramodale) Stufe*: Es wird innerhalb einer Sinnesmodalität wahrgenommen, z.B. dem auditiven System. Die Reize werden hinsichtlich ihrer Qualität und Quantität bewertet

2. *Intermodale Stufe*: Einzelne Reize von unterschiedlichen Sinnesorganen werden miteinander verknüpft und zu einem Gesamtbild integriert.

3. *Seriale Stufe*: Auf dieser Stufe können aufeinander folgende Reize aus allen Sinnesbereichen miteinander verbunden und daraus ein sinnvolles Gesamtbild erstellt werden. Verschiedene Handlungen und Reize können sowohl räumlich, als auch zeitlich voneinander getrennt werden. Sie sind im Gedächtnis gespeichert und können jederzeit abgerufen werden. Mit diesen Voraussetzungen kann der Mensch Sprache verstehen und erlernen.

Im Gehirn werden die Reize kanalisiert und sortiert. Es findet eine zunehmende Differenzierung statt. Dabei spielen sowohl emotionale wie hormonelle Faktoren eine Rolle. Es wird eine Auswahl der eingehenden Informationen getroffen und eine Bewertung über diese Informationen abgegeben. Die einzelnen Reize werden daraufhin miteinander verknüpft und interpretiert. Anschließend werden sie verarbeitet und mit vorhandenen Informationen abgeglichen.

Diese Vorgänge sind sehr subjektiv, da die jeweiligen persönlichen Empfindungen hierbei eine Rolle spielen. Der Wahrnehmungsprozess ist folglich nicht das reine passive Aufnehmen von Signalen aus der Umwelt, sondern stattdessen ein aktiver Such- und Konstruktionsprozess, bei dem Aufmerksamkeitsprozesse eine wichtige Rolle spielen [BARTH, 1997]. Ebenso nimmt die Antriebs-, Wachheits- und Aufmerksamkeitssteuerung einen großen Einfluss auf die Interpretation der sensorischen Informationen.

Die eingegangenen Reize müssen koordiniert werden, da die Verarbeitung in verschiedenen sensorischen Zentren im Gehirn erfolgt, d.h. die sensorischen Reize werden erst getrennt voneinander parallel verarbeitet, in Verbindung zu Vorerfahrungen gebracht und anschließend wieder zu einem Gesamteindruck synthetisiert.

Dabei werden die sensorischen Informationen in spezialisierten Regionen im Kortex verarbeitet. Bisher konnten beispielsweise im visuellen Kortex 42 Regionen lokalisiert werden [ELIOT 2000], die unabhängig voneinander Bewegung, Formkonstanz, Farben, Helligkeiten usf. verarbeiten und erst nach der separaten Verarbeitung die „Teilergebnisse“ zu einem Gesamtbild zusammensetzen. Wird eine dieser Regionen durch beispielsweise ein Hirntrauma beschädigt, fällt der entsprechende Bereich ersatzlos aus. So gibt es Patienten, die nach Ausfall von sensorischen visuellen Feldern (ausgelöst durch Traumas, Autounfällen o.ä.), beispielsweise Bewegungen von Gegenständen nicht mehr wahrnehmen können. Bewegte Gegenstände werden vergleichbar wie durch ein Stroboskop wahrgenommen. Es gibt auch andere Fälle, bei denen durch den Ausfall einer anderen bestimmten Hirnregion im Scheitellappen keine Farben mehr wahrgenommen werden können. Entsprechende Patienten sehen ihre Welt trotz einwandfrei physiologischer Augen nur noch in schwarz-weiß [ELIOT, 2000].

Sind die gewonnen Sinneseindrücke verarbeitet und wieder zusammengefügt, erfolgt eine Reizbeantwortung, die sich in motorischen Handlungen, Verhaltensänderungen etc. ausdrücken kann. Die auf den Reiz hin erfolgte Handlung löst wieder neue Wahrnehmungen aus, so dass ein fortlaufender Rückkoppelungsprozess stattfindet.

Kommt es zum Zusammenspiel aller Informationsquellen und damit zu einem kohärenten Gesamteindruck, der es erst ermöglicht, planvoll motorische Handlungen auszuführen, spricht AYRES (1984) von „sensorischer Integration“. Nach AYRES (1984) ist sensorische Integration *„der Prozess der Aufnahme und Verarbeitung von Sinnesempfindungen und die Organisation von Gedanken und Gefühlen zu sinnvollen und befriedigenden Handlungen auf der Basis sich vervollständigender Hirnfunktionen*“. Sensorische Integration ist somit ein Prozess, in dem das Gehirn Informationen aus den Rezeptoren der verschiedenen Sinnesbereiche aufnimmt, differenziert, speichert, erkennt, deutet, sortiert, hemmt und eingliedert, um darauf mit einer passende Reaktion zu antworten [BARTH, 1997].

4.4 Auditive Wahrnehmung

Auditive Wahrnehmung bedeutet nicht „Hören an sich“, sondern die Prozesse des Zentralnervensystems, das Gehörte zu erfassen, zu verarbeiten, entsprechende Reaktionen vorzubereiten und auszuführen. Physiologisch gesehen werden die Schallwellen über die Vorgänge des Innenohrs in Nervenimpulse umgewandelt, welche anschließend über die Gehörnervsfasern und nach Durchlaufen zahlreicher Zwischenstationen an den Kortex weitergeleitet werden. Reizmerkmale werden also mit Hilfe von Bottom-up-Prozessen analysiert und in höhere Kognitionsprozesse eingebunden (ROSENKÖTTER 2003).

Sehr vereinfacht und stark schematisiert verläuft die Verarbeitungskette wie folgt: Auf der zentralen Hörbahn werden die akustischen Signale in ihre Komponenten zerlegt. Die Aufgabe der zentralen Hörbahn liegt vor allem in der exakten Weitergabe der akustischen Informationen. Die zentrale Hörbahn mündet dann in den Nucleus cochlearis, wo die akustischen Informationen selektiert, verschieden interpretiert und weitergeleitet werden. Als wichtigste Aufgabe der Nucleus cochlearis gilt die Kontrastverstärkung, die wiederum Voraussetzung für die auditive Selektion ist (s. Kapitel 5.1.2.) An der Nucleus cochlearis teilt sich der Hörnerv, so dass die Verarbeitung der akustischen Informationen von dort an parallel zueinander erfolgen kann. Zwei Bahnen verlaufen nun weiter zu den Oberen Oliven in den zwei Hirnhälften. Durch die parallele Verarbeitung der akustischen Signale, wird das binaurale Hören ermöglicht. Die wichtigsten Funktionen der Oberen Oliven bestehen in der Verrechnung von Zeit-, Pegel- und leichten Lautstärkenunterschieden, so dass hier durch erste

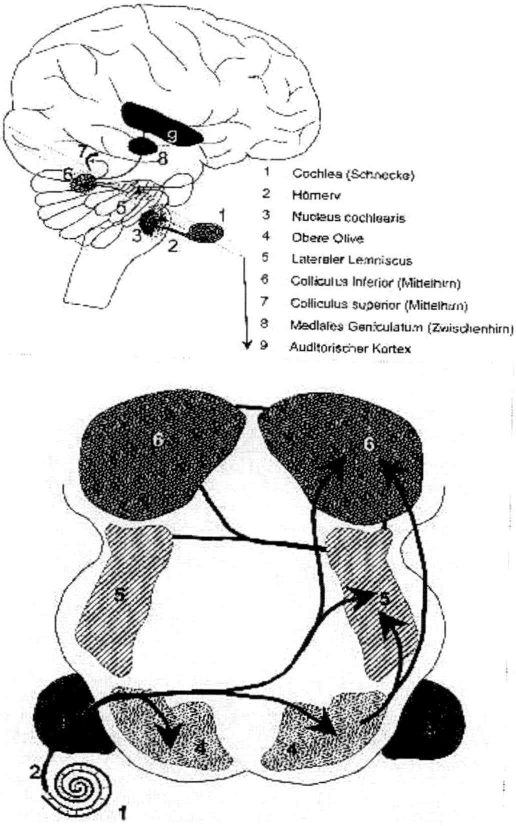

Schematisierte Verarbeitung auditiver Informationen, GROTHE 2000:213

Verrechnungen Schallquellen lokalisiert werden. Des Weiteren werden die Signale so ausgewertet, dass Hören im Störgeräusch ermöglicht wird. Eine dritte Bahn gibt die Informationen an den lateralen Lemniscus weiter, wobei ein weiterer Teil der Informationen direkt an den Colliculus inferior im Mittelhirn weitergeleitet wird. Im Colliculus inferior kommt es zu einer verfeinerten Verrechnung der auditiven Informationen, die das binaurale Hören und die Schalllokalisation betreffen. Seine Hauptaufgabe besteht jedoch im Verstärken von Modulationen im Sprachschall, was eine unabdingbare Voraussetzung für das Sprachverstehen darstellt. Beim größeren Teil der Bahnen wird auf die anderer Hirnseite hinübergewechselt.

Weitere Stationen, bevor es zur kortikalen Wahrnehmungsverarbeitung kommt, sind der Colliculus superior und das mediale Geniculatum im Zwischenhirn. Zwischen diesen Stationen und den verschiedenen Kernen (nuclei) bestehen Zwischenverbindungen, unter anderem auch zu den vegetativen Zentren, die unsere Verdauung, Kreislauf, Puls, Atmung und Blutdruck regulieren. Gleichzeitig finden bei diesen Verarbeitungsprozessen Modifikationen statt, die von einer höheren Ebene darauf einwirken. Solche Top-Down Prozesse sind Funktionen und Zustände wie Vigilanz, Aufmerksamkeit, Gedächtnis und Emotionen (ALESCH 2002; GROTHE 2000; ROSENKÖTTER 2003).

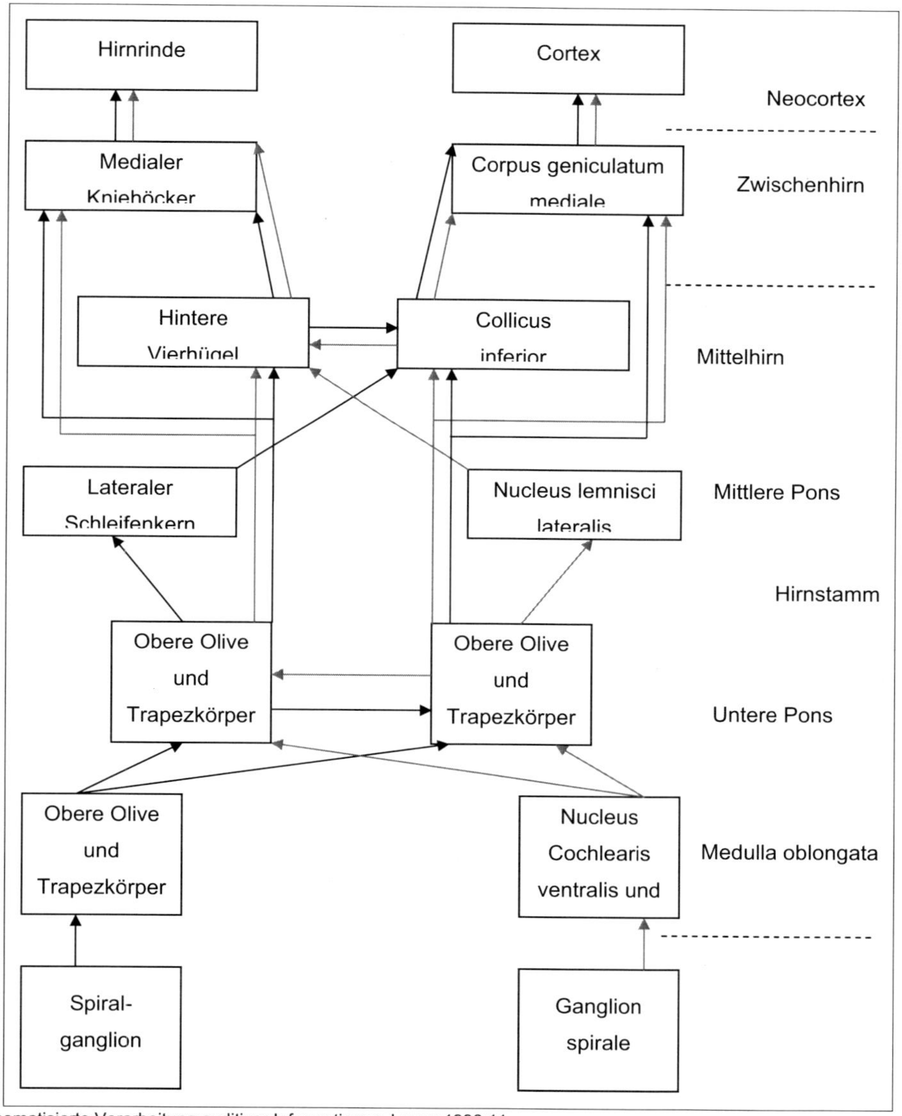

Schematisierte Verarbeitung auditiver Informationen, LAUER 1998:11

4.5 Modelle der auditiven Wahrnehmung

Im deutschsprachigen Raum wurden mehrere Modelle zur Verarbeitung und Wahrnehmung sprachlicher und nicht-sprachlicher akustischer Reize entworfen. Dabei werden dem Wahrnehmungsprozess auf zentraler Ebene unterschiedliche Komponenten und Leistungen zugeordnet.

4.5.1 Auditive Wahrnehmung nach Esser

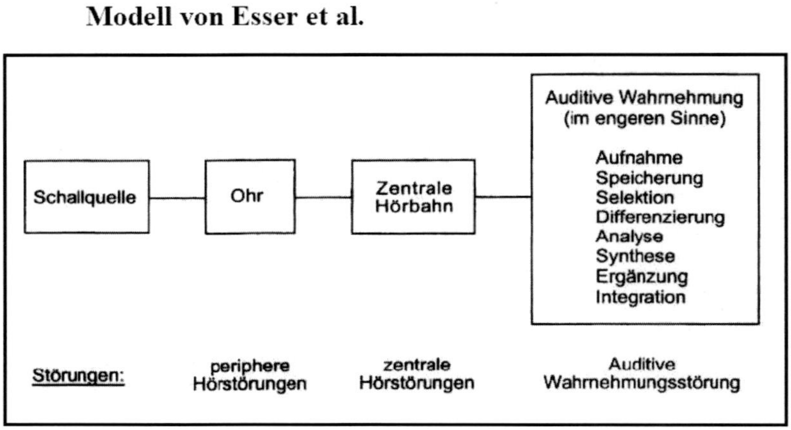

Auditive Wahrnehmung nach Esser , Lauer 1992:12

ESSER et al. (1987) unterscheidet, neben dem peripheren Hören, Verarbeitungsmechanismen in der zentralen Hörbahn von der auditiven Wahrnehmung im engeren Sinne, die im Kortex stattfindet. Dieser höchsten Ebene werden acht Teilfunktionen zugeordnet, die jedoch nicht hierarchisch gegliedert sind.

Als Teilfunktionen werden genannt: Aufnahme, Speicherung, Selektion, Differenzierung, Analyse, Synthese, Ergänzung und Integration. Das Modell sagt nichts über die Qualität der Teilfunktionen aus. Es wird nicht beschrieben, bei welchen Funktionen es sich um „einfache“ Wahrnehmungsleistungen, und bei welchen es sich um komplexere, kognitiv beeinflusste Klassifikationsleistungen handelt [LAUER 1998:13].

Eine Zuordnung der Verarbeitung von verbalen und nicht-verbalen akustischen Informationen wird nicht vorgenommen. Ebenfalls wird bei der Teilfunktion der Integration nicht zwischen einer intramodalen Integration – also die Integration akustischer Informationen zu einem Gesamtklangbild – von einer intermodalen Integrationsleistung unterschieden (dem Verknüpfen auditiver Wahrnehmungsmechanismen mit anderen Sinnesmodalitäten). Andere Leistungen der auditiven Wahrnehmung, z.B. Selektion, Lokalisation, dichotisches Hören, binaurale Summation usw. finden in diesem Modell ebenfalls keine Berücksichtigung.

4.5.2 Auditive Wahrnehmung nach Günther & Günther

Das Modell von GÜNTHER & GÜNTHER (1992) ist im Hinblick auf die einzelnen Teilfunktionen in Gestalt eines Netzwerkmodells differenzierter dargestellt. Die Teilfunktionen der Wahrnehmung sind denen im Modell von ESSER ähnlich, werden teilweise jedoch anders benannt.

Bei GÜNTHER & GÜNTHER wird der Wahrnehmungsprozess in zwei Ebenen unterschieden In eine 1. und 2. Info-Stufe, wobei die erste Stufe non-verbale Leistungen erbringt und auch nur drei Teilfunktionen beinhaltet, im Gegensatz zur zweiten verbosensorischen Stufe, der acht Teilfunktionen zugeordnet werden. Die Interaktionen der Teilfunktionen untereinander und die parallele Verarbeitung werden hier zwar vorgenommen, eine Trennung zwischen Wahrnehmungs- und Klassifikationsleistungen ist aber auch in diesem Modell nicht deutlich [LAUER 1992].

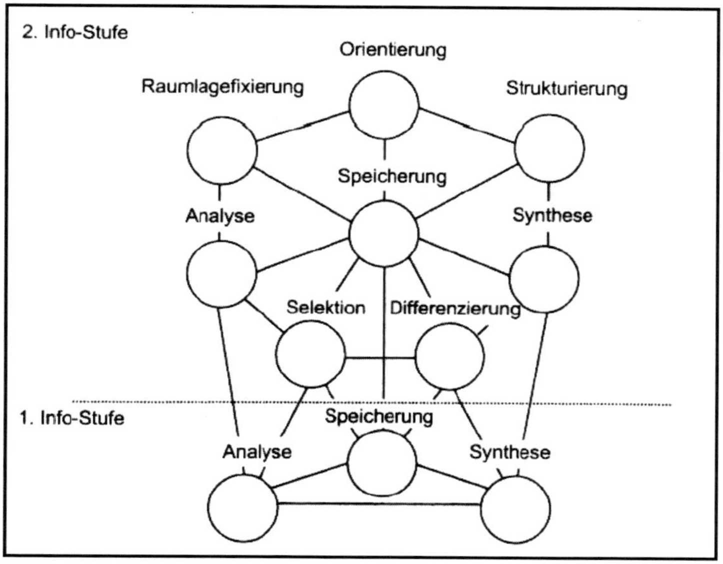

Auditive Wahrnehmung nach Günther & Günther, Quelle: Lauer 1998:12

4.5.3 Auditive Wahrnehmung nach Lauer

Ausgehend von diesen beiden Modellen, sowie der Berücksichtigung von „bottom-up“-Prozessen und „Top-down“-Prozessen hat LAUER (1998) ein Modell der auditiven Wahrnehmung entworfen, dass mehrere Ebenen der Wahrnehmung unterscheidet und eine hierarchische Gliederung insgesamt und innerhalb der einzelnen Ebenen vornimmt

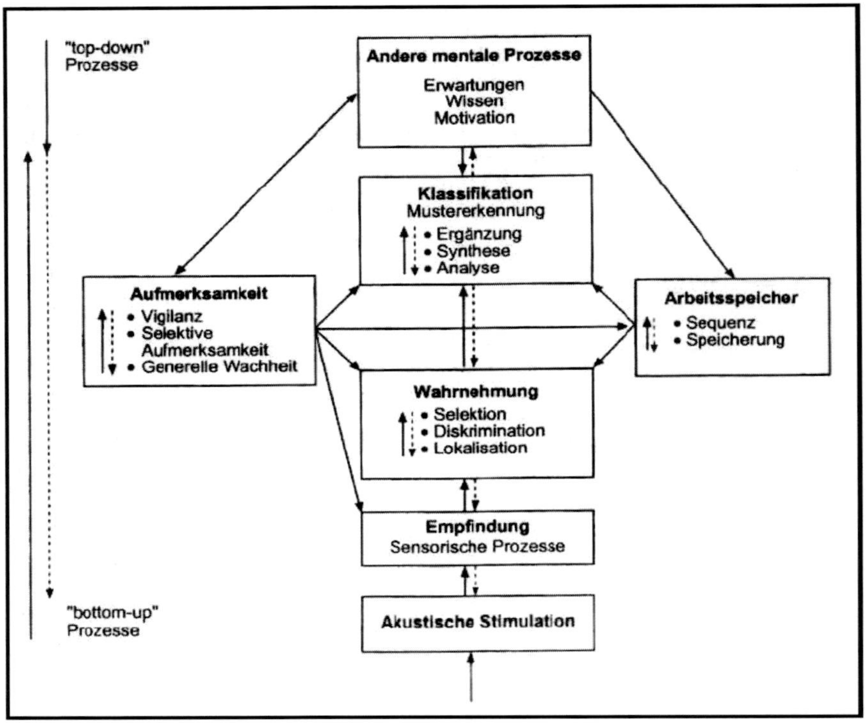

Zentrale Leistungen der Wahrnehmung in diesem Modell sind die Teilfunktionen „Aufmerksamkeit“, sowie „Speicherung und Sequenz“, da diese Teilfunktionen einen Einfluss auf andere Ebenen der auditiven Verarbeitung und der damit verbundenen Teilfunktionen haben (Lauer 1998:13].

Nach akustischer Stimulation kommt es zur Empfindung, Wahrnehmung und Klassifikation des Reizes und schließlich zu weiteren mentalen Prozessen. Diese „aufsteigende“ Weiterleitung und Verarbeitung der Informationen (bottom-up) wird ständig von den Faktoren Aufmerksamkeit und Arbeitsspeicher beeinflusst (top-down)[WEBER 2004:42].

Nach Weiterleitung der sensorischen Daten werde diese durch Wahrnehmungsprozesse verarbeitet. Die Funktionen Lokalisation, Diskrimination und Selektion werden dieser Ebene zugeordnet.

Auf der nächst höheren Ebene der Klassifikation kommt es dann unter anderem zu sprachrelevanten Teilfunktionen der Wahrnehmung. Hier werden sprachliche Informationen analysiert, synthetisiert und ergänzt. Es kommt zur Mustererkennung, sowie der Einordnung des Gehörten in Bekanntes und Vertrautes.

LAUER unternimmt den Versuch, die Zusammenhänge, Verknüpfungen und den wechselseitigen Einfluss der Teilfunktionen der auditiven Wahrnehmung darzustellen. Indem LAUER in den Wahrnehmungsprozess „Top-down"-Prozesse mit einbindet (Erwartungen, Wissen und Motivation), wird die Komplexität des Wahrnehmungsvorganges aufgezeigt. Die einzelnen Verarbeitungsprozesse sind zwar hierarchisch und seriell dargestellt, die Autorin betont jedoch, dass es sich tatsächlich um eine parallele Verarbeitung und um verschwimmende Grenzen zwischen den einzelnen Verarbeitungsstufen handelt [Lauer 1992].

4.5.4 Auditive Wahrnehmung nach Rosenkötter

ROSENKÖTTER versteht unter auditiver Wahrnehmung den Prozess der Erfassung des Gehörten und seine Verarbeitung durch das Gehirn [ROSENKÖTTER 2003]. An diesem Prozess sind seriale, parallele und verteilte neuronale Netzwerke beteiligt [PTOK et al. 2000]. In seinem Modell werden akustische Signale mittels hierarchischer und modularer Kognitionsprozesse in zunehmend komplexere Verarbeitungsprozesse eingebunden.

Auf der ersten Ebene erfolgt die relativ einfache Verarbeitung einfacher Geräusche und Töne. Bereits auf der nächst höheren Ebene finden komplexe Wahrnehmungsprozesse zur Analyse und Synthese von sprachlichen Signalen statt.

Im weiteren Verlauf dieses bottom-up-Prozesses erfolgt der analytische und synthetische Umgang mit sprachlichen Einheiten, die höchste Stufe der auditiven Wahrnehmung. Rosenkötter bezeichnet diese Stufe als „phonologische Bewusstheit“. „Phonologische Bewusstheit“ ermöglicht uns, Silben, Signalgruppen, Reime und Wörter bewusst wahrzunehmen und stellen einen wichtigen Faktor für den Erwerb der Schriftsprache dar.

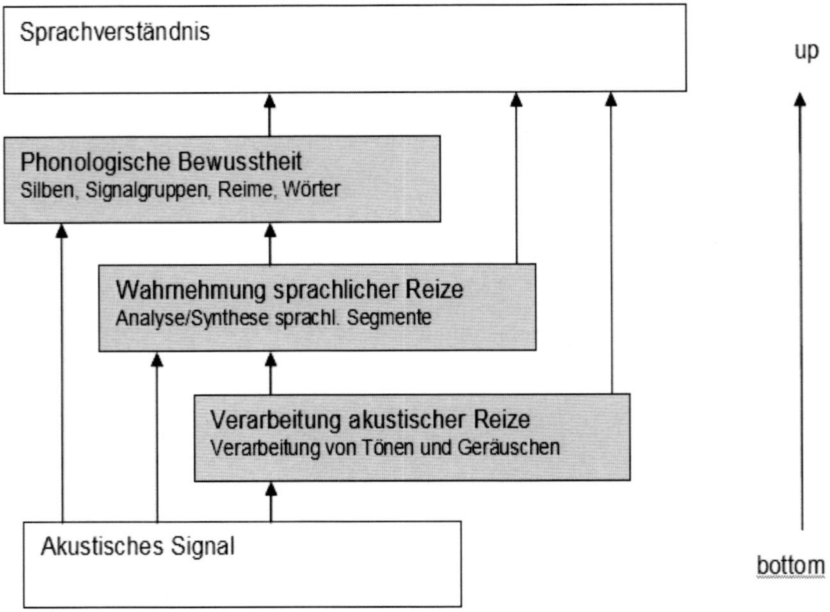

Grafik 1, Rosenkötter(2003), S. 35

5 Leistungen der auditiven Wahrnehmung

Die Verarbeitung und Wahrnehmung akustischer Strukturen ist ein komplexer und hierarchisch gegliederter Prozess. Der auditive Wahrnehmungsprozess wird in der Literatur unterschiedlich beschrieben. Eine konsequente Unterscheidung von auditiven Verarbeitungs- und Wahrnehmungsprozessen wird nicht berücksichtigt [ESSER 1987, GÜNTHER UND GÜNTHER 1992, LAUER 1998]. Erst im Jahr 2000 wurde unter der Leitung der Deutschen Gesellschaft für Phoniatrie und Pädaudiologie der Begriff der auditiven Verarbeitung und Wahrnehmung unter dem Gesichtspunkt der Verarbeitungs- und Wahrnehmungsstörungen definiert und umschrieben [PTOK et al. 2000]. So wird der Begriff der auditiven Verarbeitung *„... im Sinne einer neuronalen Weiterleitung sowie Vorverarbeitung und Filterung von auditiven Signalen bzw. Informationen auf verschiedenen Ebenen (Hörnerv, Hirnstamm, Kortex)...“*, verwendet, während der Begriff der auditiven Wahrnehmung als ein Bündel von Leistungen begriffen wird, der *„...als ein Teil der Kognition im Sinne einer zu höheren Zentren hin zunehmenden bewussten Analyse auditiver Informationen“* zu verstehen ist [PTOK et al. 2000:7]. Die Begriffe sowie deren Definition haben nach dem Konsensusstatement den Status von Arbeitshypothesen, so dass diese inhaltlich, bei neuen Erkenntnissen und klinischen Erfahrungen im Hinblick auf Diagnose- und Therapieverfahren, neu ausgerichtet werden können [NICKISCH 2001].

ROSENKÖTTER (2003) folgt dieser Trennung von Verarbeitungs- und nicht und verweist darauf, dass eine Trennung einer elementaren auditiven Wahrnehmung (=Verarbeitung) von höheren Erkenntnisleistungen (=Wahrnehmung) nach anatomischen und physiologischen Voraussetzungen nicht haltbar sei [ROSENKÖTTER 2003]. Nach WIRTH (2000) kann der auditive Wahrnehmungsprozess nicht als zweistufiger Vorgang betrachtet werden, sondern als ein kontinuierlicher, parallel und modular ablaufender Prozess auf allen Ebenen des zentrale Nervensystems und in verschiedenen Schweregraden.

Im Folgenden wird auf eine getrennte Darstellung von Verarbeitungs- und Wahrnehmungsprozesse verzichtet. Dies hat folgende Gründe:

- Je nach Autor gibt es unterschiedliche Ansichten und Darstellungen von Verarbeitungs- und Wahrnehmungsprozessen. Um diese Komplexität einzuschränken, wird die auditive Verarbeitung und Wahrnehmung als ein Prozess zusammengefasst und damit den Überlegungen ROSENKÖTTERS (2003) gefolgt.

- Die exakte Differenzierung nach Verarbeitungs- und Wahrnehmungsprozessen hat für den schulrelevanten Kontext keine bedeutende Rolle, da von der Institution der (Grund-)Schule weder ausreichende Diagnosemöglichkeiten, noch entsprechende Therapieangebote bereitgestellt werden.

5.1 Funktionen der auditiven Wahrnehmung

Die Auditive Wahrnehmung hat mehrere setzt sich aus mehreren Teilfunktionen zusammen, die hier kurz dargestellt werden sollen.

5.2 Die Teilfunktionen der auditiven Wahrnehmung

Auditive Aufmerksamkeit

Der Begriff der Aufmerksamkeit wird hier im Sinne der selektiven Verarbeitung von auditiven Informationen bei gleichzeitigem Ausschluss andere Informationen verstanden. Diese Zuwendung zu auditiven Stimuli erfolgt ohne bewusste Wahrnehmung [SPRINGER, SCHREY-DERN 1993:15]

Auditive Aufmerksamkeit ist im Prinzip die "*Fähigkeit des menschlichen Hörers, einem Sprecher, der sich zwischen anderen Sprechern befindet, zu folgen*" [TEN HOOPEN, 1996:116]. Man versteht darunter das Verfolgen eines singulären auditiven Musters, wie zum Beispiel die Ausrichtung der Aufmerksamkeit auf die Rede einer Person in einem akustischen Umfeld, welche durch vielfache interferierende Hörreize überlagert wird und somit das herauszuhörende Hörmuster kontrastiert.

Die auditive Aufmerksamkeit (die vor allem auf der Verarbeitungsebene stattfindet) bezeichnet somit die Fähigkeit, sich auf wechselnde akustische Signale dauerhaft einstellen zu können. Allerdings kann Aufmerksamkeit im zentrale Nervensystem keinem genauen Bereich zugeordnet werden, da immer mehrere Regionen aktiviert werden und in diesen Prozess mit eingebunden sind [ROSENKÖTTER 2003]. In der Hörbahn, bzw. im auditiven Kortex, scheint für die auditive Aufmerksamkeit vor allem der sekundäre Hörkortex verantwortlich zu sein [ROSENKÖTTER 2003]. Auditive Aufmerksamkeit ist keine auditive Teilleistung im engeren Sinne, sondern die Fähigkeit, sich auf auditive Stimuli einzustellen und diese vorbewußt, selektiv, fokussierend zu verarbeiten und wahrzunehmen [MEDWETSKY 2001].

Wie bedeutend auditive Aufmerksamkeit als Komponente für den gesamten Wahrnehmungsprozess ist, und welchen Anteil diese an anderen Funktionen der Verarbeitung und Wahrnehmung hat, da ohne diese keine komplexere Verarbeitung möglich ist, zeigt folgende Grafik [SPRINGER, SCHREYER-DERN 1993, LAUER 1998]

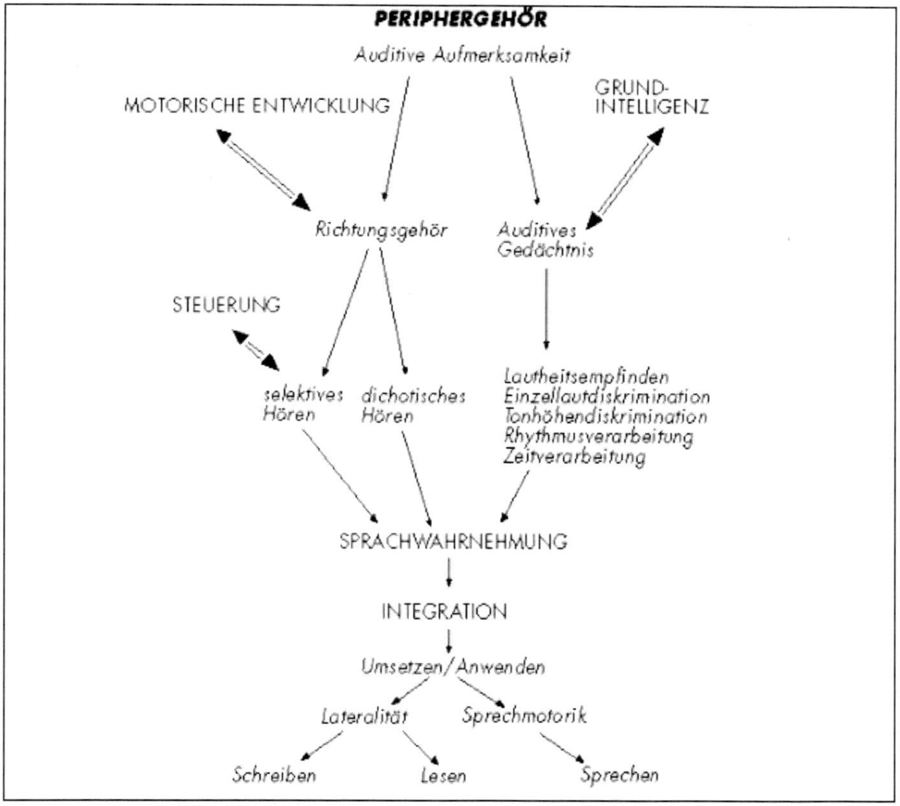

Quelle: Lehrerfortbildung NRW/Förderdiagnostik/Baustein: Wahrnehmung und Bewegung/Element: Auditive Wahrnehmung, Erprobungsfassung, Soest 1997)

Diese Grafik verdeutlicht, in welchem Ausmaß die auditive Aufmerksamkeit an anderen Teilfunktionen der auditiven Wahrnehmung beteiligt ist. Die auditive Aufmerksamkeit stellt die Basis für das Richtungshören und das auditive Gedächtnis dar. Diese wiederum haben einen maßgeblichen Einfluss auf weitere auditive Teilfunktionen.

Auditive Aufmerksamkeit kann in verschieden Komponenten unterschieden werden [STURM 1988].

Die erste Komponente der Aufmerksamkeit ist die generelle Wachheit, oder Aktivierung. Diese kann unterschieden werden in „tonische Wachheit“ (physiologischer Organismuszustand) und „phasische Wachheit“ (durch einen Warnreiz plötzlich verstärkte Aufmerksamkeit).

Die zweite Komponente der Aufmerksamkeit ist die „selektive Aufmerksamkeit“, bei der es *„zu einer kurzzeitigen, mehrere Minuten dauernden, aktiven Hinwendung und Einschränkung der Aufmerksamkeit kommt, (...) wobei selektiv relevante Merkmale einer gegebenen Aufgabe erfasst, irrelevante dagegen unterdrückt werden müssen“* [STURM 1989:315]. Selektive Aufmerksamkeit kann sowohl bewusst, als auch unbewusst erfolgen. Bei bewusster selektiver Aufmerksamkeit wird beispielsweise der Kopf in Richtung eines Sprechers zugewandt. Verläuft die Aufmerksamkeit automatisch, wird der Kopf spontan einer Schallquelle zugedreht [LAUER 1998, NIKISCH 2001, ROSENKÖTTER 2003].

Die dritte Komponente der Aufmerksamkeit schließlich wird als Vigilanz bezeichnet. Hier wird die Aufmerksamkeit über einen längeren Zeitraum aufrechterhalten, obwohl die relevanten Stimuli nur in unregelmäßigen Abständen erscheinen.

Lautheitsempfinden

Lautheit wird definiert als die subjektiv empfundene Lautstärke (als psychologische Größe) und beschreibt die Fähigkeit, unterschiedliche Lautstärken zu unterscheiden, sowie leise und laute Töne adäquat zu empfinden: Das Lautheitsempfinden reguliert den Lautstärkepegel, ab dem ein Ton oder ein Geräusch als zu laut wahrgenommen wird.

So wird objektiv beschreibbare Lautstärke (dB-Wert) unterschiedlich laut wahrgenommen. Dabei spielt die Umgebung, die Aufmerksamkeit und Konzentration, die emotionale Befindlichkeit eine Rolle. Damit zeigt sich der Hörsinn in der Lage, seine Empfindlichkeit an die aktuelle Lage anzupassen. Dies ermöglicht es, akustische Reize mit unterschiedlichen Pegeln in qualitativ gleicher Weise wahrzunehmen. „Gleichzeitig werden störende

Schallereignisse im Bewusstsein zurückgedrängt, so dass eine „*effektivere Aufnahme des akustischen Signals erreicht wird*" [ROSENKÖTTER 2003:37]

Wie Lautheit wahrgenommen wird, sei an diesem Beispiel gezeigt: Wenn wir abends zu Bett gehen und uns morgens über einen Radiowecker wecken lassen, stellen wir zuvor abends die Lautstärke ein. Was wir am Abend als angenehme Lautstärke wahrnehmen, reißt uns morgens mit seinem Lärm aus den Federn.

Die Sensibilität für Lautstärke, die subjektiv empfundene Lautheit, unterliegt Schwankungen. Während wir direkt nach dem Aufstehen sehr lärmempfindlich sind, wird durch die ständig vorhandenen akustischen Eindrücke unser Lautheitsempfinden über den Tag hinweg desensibilisiert.

Auditive Selektion

Auditive Selektion ist die Fähigkeit, bei komplexen Schallereignissen (Störgeräuschen, Orchester, Chor...) gezielt Informationen heraushören zu können. Voraussetzung für auditive Selektion ist störungsfreies binaurales Hören. Es bedarf also zweier funktionstüchtiger Ohren ohne physiologische Einschränkungen, da nur dann räumliches Hören möglich ist. Die auditive Selektion findet bereits auf der Hörbahn statt, so dass diese Fähigkeit der beiden Ohren unterschiedlich stark ausgeprägt sein kann. Auditive Selektion ist dann normal ausgebildet, wenn mit monauralem Hören bei einem Unterschied von 7dB von Störschall zu Nutzschall etwa 50% Sprachverstehen erreicht wird. Bei binauralem Hören beträgt der Unterschied 1dB (NIKISCH 2001).

Richtungshören/auditive Lokalisation

Die Fähigkeit, in einem Raum den Ort einer Schallquelle bestimmen zu können, wird als auditive Lokalisation bezeichnet. Entscheidende Faktoren für das Richtungshören sind dabei geringe interaurale Zeit- und Intensitätsunterschiede, welche miteinander verrechnet werden. Wichtig dabei ist die Stellung und Abweichung des Kopfes gegenüber der Richtung der Schallquelle.

Die Fähigkeit, eine Schallquelle im Raum zu orten, beruht auf Unterschieden der Laufzeit, sowie auf Pegel- und Klangunterschieden. Dabei reichen schon Zeitdifferenzen von 10 -20 ųs, sowie leichte Pegelunterschiede von 0,6 – 1,5dB, um die Herkunft und Entfernung einer Schallquelle bestimmen zu können. Die Richtung einer Schallquelle kann bis auf 2 Grad genau bestimmt werden [LEHNHARDT 1996]. Damit die Richtung einer Schallquelle lokalisiert werden kann, muss eine Art inneres Koordinatensystem vorhanden sein, damit die Position des Kopfes und die Dinge der Umwelt zueinander ins Verhältnis gesetzt werden können. So verändern sich Richtung und Intensität, wenn der Körper ruhig, die Schallquelle sich aber in Bewegung befindet. Umgekehrt verhält es sich mit einer statischen Schallquelle und wenn der Kopf in Bewegung ist. Das innere Koordinatensystem muss darauf Bezug nehmen, damit die akustische Orientierung ermöglicht wird.

Die Fähigkeit des Richtungshörens stellt eine Basisvoraussetzung für das aktive Erkennen akustischer Merkmale der Dinge dar (WURM-DINSE 1994:134). Eine gut funktionierende auditive Lokalisation ist wichtig, damit wir uns auch in schwierigen akustischen Situationen einer bestimmten Schallquelle zuwenden können und auch unsere Aufmerksamkeit gezielt auf einen Punkt hin richten können. Damit stellt das Richtungshören einen wesentlichen Faktor für das Sprachverstehen dar. Bei einer Abweichung von mehr als 6 Grad [LEHNHARDT 1996), bzw. 7,5 Grad (PLATTE et al. 1978] gilt das Richtungshören als pathologisch.

Lautdifferenzierung

Unter der Lautdifferenzierung [NIKISCH 2001] oder Lautdiskrimination [LAUER 1998, ROSENKÖTTER 2003], oder phonematisch-akustische Lautdifferenzierung [BREUER, WEUFFEN 2000] versteht man die Fähigkeit, ähnlich klingende (Sprach-)Laute und Lautverbindungen sicher zu erkennen und in ihrer (zeitlich-strukturellen) Abfolge unterscheiden zu können.

Die Fähigkeit zur phonematischen Differenzierung ist eine spezifisch menschliche und sprachgebundene akustische Fähigkeit. Sie dient zum Einen dem Filtern und Analysieren der Qualität und der Abfolge der im Lautstrom enthaltenen lautlichen Einheiten, zum Anderen stellt sie einen Kontrollmechanismus des eigenen Sprachapparats dar [BREUER, WEUFFEN 2000].

Die Entwicklung der phonematischen Differenzierungsfähigkeit ist abhängig von der stimulierenden Umgebung. Diese bildet sich abhängig von sprachlichen Vorbildern, durch deren Hilfe und Korrekturen aus. Im Prozess des Spracherwerbs, durch das Imitieren von Sprachlauten, durch die akustische Rückkoppelung, findet ein ständiger Verfeinerungsprozess der phonematischen Differenzierungsfähigkeit statt. Entsprechend kann sich das Gehör nur im Rahmen des zur Verfügung stehenden sprachlichen Angebots seiner Umgebung weiterentwickelt [BREUER, WEUFFEN 2000]. Das ist der Grund, warum japanische Kinder später nicht zwischen einem /l/ und einem /r/ unterscheiden können, oder warum Franzosen zeitlebens Probleme haben, das /h/ zu hören und nachzusprechen.

Diese Unterscheidungsfähigkeit bezieht sich auf auditive Stimuli unterschiedlicher Ebenen. Auf der parasprachlichen Ebene können mehrere Subfunktionen der Lautdifferenzierung unterschieden werden, wie z.B. die der Frequenz, der Dauer und Intensität. Differenziert wird also nicht nur nach den Kategorien „gleich-ungleich“, sondern auch danach, ob etwas schneller, langsamer, höher oder tiefer gesprochen wird. Diese Unterschiede sind von Anfang an bedeutungsunterscheidend.

Subfunktionen der Lautdifferenzierung

Frequenzselektionsvermögen

Geräusche, Klänge und Sprachlaute setzen sich aus verschiedenen Frequenzen zusammen. Das Gehör ist in der Lage, diese Frequenzen in ihre Anteile zu zerlegen. Dies geschieht über die Tonotopie des Innenohrs. Bestimmte Bereiche auf der Basilarmembran mit den auf ihr liegenden Haarzellen sind auf. Bestimmte Frequenzen spezialisiert und leiten diese über die Hörnerven an die kortikalen Ebenen weiter, wo sie wiederum frequenzspezifisch verarbeitet werden. Bestimmte Haarzellen sind sensibel für bestimmte Frequenzen (Tonhöhen).

Beispiel: Bei 1000Hz wird ein relativ enger und scharf begrenzter Teil der Basilarmembran mit den entsprechenden Haarzellen angeregt. Je lauter der Ton dabei ist, desto größer ist dieser Bereich, der angeregt wird, desto mehr Haarzellen werden aktiv [ASHA 1996, LAUER 1998, ROSENKÖTTER 2003].

Zeitauflösungsvermögen

Die Basilarmembran schwingt im zeitlichen Rhythmus des sie anregenden Tones. In den Hörnerven entstehen Aktionspotentiale in der Frequenz des Tones, die Tonhöhe aus diesem zeitlichen Erregungsmuster kann dabei erkannt werden (bis 5000Hz). Beim Sprachschall müssen zeitliche Veränderungen erkannt werden, die zeitweise geringer als 10ms sind. Lücken, die für das Erkennen von einigen Konsonanten wichtig sind, liegen zwischen 4 und 6 ms.

Die Qualität dieser Lückenerkennung hängt auch von vorangegangenen Schallereignissen ab, da einige Frequenzen, vor allem Vokal-Frequenzen, länger nachwirken und damit schwächere Frequenzen überdecken können.

Bei einer Störung des Zeitauflösungsvermögens müssen akustische Signale in ihren zeitlichen Veränderungen sehr deutlich voneinander abgegrenzt und abgehoben sein, um als unterschiedliche Signale wahrgenommen zu werden. Zum Beispiel:

- energiereiche Sprachlaute (Vokale) erschweren die Sprachwahrnehmung eines energiearmen Sprachlauts,
- das Gehör wird nach einem Vokal nicht rasch genug wieder so empfindlich, um einen energieschwachen Konsonanten zu erkennen: Sprache wirkt wie in einem halligen Raum,

- verwechseln von Wörtern wie:
  - richtig – wichtig
  - fünfzehn – fünfzig
  - aufmachen – ausmachen

Die Schnelligkeit, mit der Haarzellen reagieren müssen, um beispielsweise ein /p/ von einem /l/ im Wort „Plosiv“ wahrnehmen zu können, müssen die Haarzellen je nach Sprechgeschwindigkeit innerhalb von 30 – 80 ms reagieren [HELLBRÜCK 1993, ROSENKÖTTER 2003].

Lautmustererkennung

„Als Lautmustererkennung wird die Fähigkeit verstanden, zum Einen bestimmte aufeinander folgende Ton- und Zeiteinheiten (Rhythmus) zu erkennen, zum Anderen zwei unterschiedlich hohe Töne voneinander zu unterscheiden (Tonhöhenunterscheidung)" [ROSENKÖTTER 2001:37]. Gerade die Lautmustererkennung ist ein wesentlicher Faktor für den Erwerb von Sprache, da diese auf Erkennung und Erinnerung von Rhythmen angewiesen ist. Können prosodische und rhythmische Elemente der Sprache nicht ausreichend erkannt und erinnert werden, „sind die Voraussetzungen für die Ableitung grammatikalischer Regelhaftigkeiten sowie für Wortbildung und Worterkennung nicht gegeben" [PENNER 2002:124]. Breuer und Weuffen (2000) trennen die Lautmustererkennung in zwei Teilfunktionen. Sie unterscheiden zwischen der Fähigkeit zur melodisch-intonatorischen und der rhythmischen Differenzierung. Da ich dieser Arbeit mit der Differenzierungsprobe II von BREUER und WEUFFEN gearbeitet habe, folge ich diesen Darstellungen der Autoren

Fähigkeit zur melodisch-intonatorischen Differenzierung

Unsere Sprache transportiert einen Großteil ihrer Bedeutung mit Hilfe von feinen Tonhöhenunterschieden und Melodiestrukturen. Bei einem Fragesatz geht die Tonhöhe nach oben, beim Aussagesatz bleibt diese ungefähr auf derselben Ebene. Unsere Sprache ist vielen Schwankungen unterworfen. Ist man wütend, nimmt die Stimme an Volumen zu und geht in die Höhe, ist man traurig, wird die Stimme meist leiser und zurücknehmend.

Auf diese Weise werden Stimmungen (meist) unbewusst und bewusst geäußert. Die Variation der Melodie beim Sprechen, Betonungen und Pausen haben Einfluss auf die Aufmerksamkeit und die Motivation der Zuhörenden: Was gibt es langweiligeres als einem Sprecher zuzuhören, der einen längeren Text ständig in derselben Stimmlage vollkommen monoton vorträgt. Ebenso kann aufgrund der Tonhöhe, der Melodie, dem Tempo und der Dynamik auf die Stimmungslage eines Menschen geschlossen werden, unabhängig von dem, was der Inhalt des Gesagten ist. Ein „mir geht's gut" wird nicht nach dem Inhalt bewertet, sondern nach der Art und Weise, wie es gesagt wurde.

Die Fähigkeit zur melodisch-intonatorischen Differenzierung besteht folglich darin, die meist subtilen Unterschiede der Melodik und der Tonhöhen heraushören zu können. Wenn diese Fähigkeit normal ausgebildet ist, können Stimmungen des Sprechenden identifiziert werden, Lob und Tadel erhalten erst durch die Fähigkeit der melodisch-intonatorischen Differenzierung ihre Bedeutung. Das Heraushören von sprachlichen Feinheiten, das Erkennen von Subtexten wird erst durch diese Fähigkeit ermöglicht; Untertöne bestimmen die Bedeutung des Gesagten. SIe modifizieren und bestimmen den Inhalt vom Gesagtem. Es kennzeichnet das Gesagte z.B. als Ironie, Sarkasmus oder Zynismus. Personen, bei denen diese Differenzierungsfähigkeit nur schwach ausgebildet ist, haben Probleme das Gesagte richtig einzuordnen.

Im europäischen Sprachraum sind Unterschiede in Satzmelodie und Tonhöhe relativ grob. Im asiatischen Sprachraum sind die Unterschiede um ein vielfaches feiner, so fein, dass für Europäer die Unterschiede meist überhaupt nicht wahrgenommen werden können. So ist es Europäern so gut wie unmöglich, „sinologische" Sprachen wie chinesisch, indonesisch oder thailändisch zu erlernen, weil die feinen bedeutungstragenden Unterschiede in der Melodie und der Tonhöhe nicht gehört werden können. So kann ein und dasselbe Wort je nach Aussprache bis zu fünf verschiedene Bedeutungen haben.

Die Fähigkeit zur differenzierten Wahrnehmung von (Satz-)Melodien stellt sich lange vor der Aneignung der Lautsprache ein. Der Säugling versteht seine Mutter nicht über das, was sie sagt, sondern wie sie es sagt. Die Melodie der Sprache ist *„ein erster Weg zur Erfassung der Sprache als Träger von Bedeutungen und als unterstützende Komponente für die Herausbildung des Sprachgedächtnisses"* [Breuer, Weuffen 2000:38]. Es ist die Melodie der Sprache, die ein Kind beruhigt oder eben unruhig macht. Jede Kultur dieser Welt hat Wiegenlieder. Überall und transkulturell werden Kinder in den Schlaf gesungen, (Sprach-) Melodie vermittelt Ruhe und Geborgenheit. Die melodisch-intonatorische Differenzierungsfähigkeit stellt damit auch eine Basis für die Entwicklung einer gesunden Eltern-Kind-Bindung dar und damit die Grundlage für eine gesunde Persönlichkeitsentwicklung.

Schüler sind in hohem Maße von positiven Verstärkungen abhängig. Die Motivation, der Lernwille, die Risikobereitschaft und die Aktivitätsbereitschaft werden von hohem Maße von Rückmeldungen des Lehrers bestimmt. Anhand der melodisch-intonatorischen Differenzierungsfähigkeit kann die Stimmung, das Wohlwollen, die Zuneigung aber auch Ablehnung des Lehrers eingeschätzt werden. Davon hängen wiederum die Lernbereitschaft, also auch der Lernerfolg ab [Breuer, Weuffen 2000].

Jede Sprache, jeder Dialekt, jeder Mensch hat seine eigene Sprachmelodie. Diese Sprachmelodie stellt den Bezugsrahmen für das Kind dar. Es gewöhnt sich daran. Da die Sprachmelodie einen Großteil der Bedeutung trägt, kann es zu Verständnisproblemen kommen, wenn man sich mit Personen unterhält, die aus einem anderen Sprachraum kommen. Der schwäbische Dialekt unterscheidet sich vom badischen Dialekt (wie auch alle anderen Dialekte) nicht nur durch unterschiedliche Wörter und Begrifflichkeiten, sondern vor allem durch die jeweilige Melodie und unterschiedliche Tonhöhen. Aussagen, Fragen, Vorträge hören sich je nach Dialekt vollkommen unterschiedlich an. Selbst für den Erwachsenen, der bereits um Vorwissen über dialektale Unterschiede und Kompensationsstrategien verfügt, hat mitunter Schwierigkeiten den anderen zu verstehen. So können die dialektalen Unterschiede in der Melodie und den Tonhöhen bei Umzügen zu starken Verständnisschwierigkeiten führen.

Rhythmische Differenzierungsfähigkeit

Rhythmus stellt ein basalas Gliederungselement dar, durch welches Raum, Zeit und Maß strukturiert werden. Die rhythmische Differenzierungsfähigkeit beschreibt die Fähigkeit, Wort- und Schriftinhalte, sowie Satzschemata zu speichern. Die Fähigkeit zur rhythmischen Strukturierung stellt den Grundzugang zur menschlichen Sprache dar. [BREUER, WEUFFEN 2000].

Kinder sind extrem empfänglich für die rhythmischen Eigenschaften von Sprache. Diese Sensibilität hilft ihnen, aus Geräuschen Muster und damit Wörter herauszufiltern. Das erste Wort, das ein Kind sagt, ist „ma-ma“. Das Kind rhythmisiert einen Laut. Dies macht Spaß, da ein Bedürfnis befriedigt wird. Es fängt schnell an, auch andere Laute zu rhythmisieren. Es folgen Wörter wie „pa-pa“, „wau-wau“, „la-la“ usw. Mit dem Rhythmus wird in der Folge weiter gespielt und experimentiert.

Der Rhythmus der Sprache beruht auf langen und kurzen Vokalen, auf stärker und schwächer betonten Silben, des Weiteren werden über Pausen und Betonungen seriale Strukturen aufgebaut. Rhythmus basiert auf einer Folge gleicher Zeitintervalle und kann in der Sprache an zwei Gliederungseinheiten erkant werden, der Silbe und dem Wort. Über diese rhythmische Einteilung fallen phonologische Eigenschaften der Sprache auf. Der Rhythmus von Silben ist einheitlich. Sie sind einfach strukturiert, Vokale werden nicht verkürzt. Es bestehen eindeutige Silbengrenzen. Wortakzente kommen nicht zum Ausdruck. Der Rhythmus von Wörtern dagegen zeichnet sich durch Variabilität der Silbenlänge aus. Abhängig vom Akzent werden Vokale verkürzt. Es können komplexe Silbenstrukturen gebildet werden. Komplexe Akzentregeln sind möglich.

Mit Hilfe der Rhythmik markiert der Sprecher Wörter, die von seinem Standpunkt aus wichtig sind, da er so eine Diskonituität in seinem Sprachablauf erzeugt und damit besondere Wertigkeiten innerhalb des Satzes schafft. Über diese Gliederungsmerkmale werden die relevanten Informationen eines Satzes mitgeteilt. Da vor allem der Rhythmus eines Wortes im Gedächtnis gespeichert wird, wird auf diesen Gedächtnisinhalt bewusst zugegriffen, wenn einem ein Wort nicht einfällt. Das Wort „liegt auf der Zunge" d.h., dass der Rhythmus des Wortes erhalten und zugänglich ist, die Phonem-Zuordnung aber noch nicht erfolgt ist. Der Rhythmus des Wortes wird dann innerlich so oft wiederholt und gleichzeitig über die Motorik begleitet, z.B. durch Fingerschnipsen, bis das Wort schließlich als Ganzheit präsentiert werden kann.

Ein anderer bewusster Zugang zur Rhythmik und seiner Bedeutung wird über Kinderreime und Verse ersichtlich. Man wächst mit diesen auf, wird mit dem jeweiligen Sprachrhythmus vertraut und bekommt einen sicheren Zugang zur Sprache. Zudem wird das Gedächtnis trainiert. Die Bedeutung der Rhythmik zeigt sich in der Lyrik und in der Prosa, die ihre Wirkung über rhythmisch-stilistische Eigenschaften erhält.

Die Rhythmik von Wörtern und Sätzen bestimmt deren Semantik. Über verschiedene Betonungen und Pausen kann sich der Inhalt eines Satzes komplett ändern. Welche Bedeutung die Betonung einzelner Wörter ändert, sei an diesen Beispielen gezeigt [BREUER, WEUFFEN 2000:41]:

> *„<u>Ich</u> fahre mit dem Auto zur Schule (Ich, nicht andere fahren zur Schule…)"*
> *„Ich <u>fahre</u> mit dem Auto zur Schule (ich fahre zur Schule, ich laufe nicht…)"*
> *„Ich fahre mit dem <u>Auto</u> zu Schule (ich benutze das Auto, nicht das Fahrrad..)"*

Auch über die Variation von Pausen (schriftlich über das Einsetzen von Kommas) werden Inhalte eines Satzes verändert [BREUER, WEUFFEN 2000:42]:

> *„Der Müller sagt der Bäcker ist mein Freund."*

„Der Müller, sagt der Bäcker, ist mein Freund."
„Der Müller sagt, der Bäcker ist mein Freund."

Je nachdem, wo das Komma steht und damit eine Pause im Redefluss markiert wird, erhält dieser Satz eine andere Bedeutung. Über das Komma wird nicht nur eine Pause erwirkt, sondern auch die Betonung des Satzes geändert. Die Fähigkeit, rhythmische Elemente der Sprache wahrzunehmen, stellt sich als unabdingbare Voraussetzung das Verstehen und das Produzieren von Sprache und Kommunikation dar. Die rhythmische Differenzierungsfähigkeit lässt formale Muster der Sprache, sowie die bedeutungsunterscheidenden subtilen Feinheiten erkennen.

Binaurale Summation

Die Aufgabe des zentralen Hörsystems besteht darin, beidseitig zugetragene akustische Informationen zu fusionieren, um beispielsweise eine einheitliche Wortgestalt wahrzunehmen. Unter binauraler Summation versteht man die Verschmelzung der Höreindrücke von zeitgleich und seitengetrennt dargebotenen Stimuli.

Zeitauflösung

Der Hörsinn ist in der Lage, selbst geringste zeitliche Unterschiede zu verarbeiten. Die Zeitauflösung ist also die Fähigkeit, kürzeste zeitliche Charakteristika von Lauten und Lautübergängen exakt an die Hörrinde weiterzuleiten, um eine störungsfreie Lautdifferenzierung zu ermöglichen. So betragen die in sprachlichen Reizen vorhanden zeitlichen Veränderungen oft nur 30ms oder noch weniger. Im Normalfall können Lücken von 3ms erkannt werden (MATULAT 1999), zur Berechnung der Richtung reichen selbst Laufzeitunterschiede von 15-30 Nanosekunden. Beim zeitlichen Auflösungsvermögen handelt es sich um eine Teilleistung, die eine lange Entwicklungszeit in Anspruch nimmt und erst ab dem 9. Lebensjahr oder später ihren Abschluss findet (VEIT 1992). Während die Ordnungsschwelle im Alter von 6 Jahren noch 100 – 140 ms beträgt, ist bei 9-jährigen Kindern eine Ordnungsschwelle von etwa 30 – 40 ms nachweisbar, was dem Wert von Erwachsenen entspricht. Hier zeigt sich die enge Verknüpfung von zeitlichen Auflösungsvermögen und anderer sprachrelevanter Wahrnehmungsleistungen, wie z.B. der Lautanalyse und –synthese.

Die zeitliche Verarbeitung von Tönen, Lauten, Geräuschen erfordert mehrere Fähigkeiten [ROSENKÖTTER 2003]:

Lückenerkennung: die Fähigkeit, Unterbrechungen in den Abfolgen von akustischen Signalen (kurze Signalpausen) identifizieren zu können. *„Die Lückenerkennung ist notwendige Voraussetzung zur Erfassung und Interpretation von Sprachsignalen, insbesondere bei der Differenzierung von Plosiven“* [ROSENKÖTTER 2003:39].

Maskierung: da immer mehrere akustische Informationen gleichzeitig vorhanden sind, die sich gegenseitig verdecken, kommt es zur Leistung der Maskierung, bzw. Verdeckung. Diese ermöglicht uns, die zeitlich versetzten und sich gegenseitig verdeckenden Signale zu unterscheiden.

Integration: beschreibt die Fähigkeit, gedehnte oder komprimierte akustische Signale zu einem Höreindruck zusammen zu setzen. Dies ermöglicht uns, auch sehr schnell Gesprochenes (zeitkomprimierte Sprache) zu verstehen.

Ordnung von Sequenzen: dieser Aspekt der Zeitauflösung ermöglicht uns, zeitversetzte akustische Reize wahrzunehmen und bei einer bestimmten Dauer auch in der richtigen Reihenfolge zu erkennen. Liegen die Reize von ca. 15 bis 60 ms auseinander, kann die Reihenfolge zeitlich erbracht werden. Die Zeitdauer, die man braucht, um zwei gleiche, hintereinander dargebotenen akustischen Reize als getrennt zu erkennen und in eine zeitliche Folge zu bringen, nennt man Ordnungsschwelle.

Die zeitliche Verarbeitung von Schallereignissen ist für das Sprachverständnis vor allem bei zeitkomprimierter, also schnell gesprochener Sprache bedeutsam, da hier erhöhte Anforderungen an die Zeitauflösung gestellt werden. Zahlreiche Untersuchungen zur sprachfreien Zeitauflösung legen nahe, dass die Zeitauflösung eine wesentliche Voraussetzung für Lautdifferenzierung darstellt (STEINBÜCHEL 1991, TALLAL et al. 1996, MERZENICH et al. 1994). So unterscheiden sich die Plosivlaute /d/ und /t/ auf Grund der Länge des geräuschfreien Intervalls von circa 30 – 80 ms, die Unterscheidung von Konsonanten und Vokalen beruht auf einer Zeitauflösung von 10 ms (SPRENG 1984 und SPRENG 1994).

Bei der Diagnose des Zeitauflösungsvermögens ist es deshalb unerlässlich, sprachfreie audiologische Tests mit einzubeziehen, die in der Lage sind, kurzzeitige Frequenzen, Intensitäts- und Kontinuitätsveränderungen eines Schallreizes zu differenzieren, bzw. identifizieren zu können.

Auditives Gedächtnis

Die Fähigkeit, auditive Stimuli über einen kurzen Zeitraum zu behalten, wird als auditiver Arbeitsspeicher [ROSENKÖTTER 2003], Speicherung [ESSER 1987, GÜNTHER und GÜNTHER 1992] oder auditive Merkspanne [LAUER 1998] bezeichnet. Um die Bedeutung und die Leistungen des auditiven Gedächtnisses angemessen darstellen zu können, muss kurz auf die Entwicklung und Funktion des Gedächtnisses allgemein eingegangen werden.

In der Gedächtnispsychologie wird das Gedächtnis aus der Perspektive des so genannten Informationsverarbeitungsansatzes gesehen [ZIMBARDO 1999:234]:

„In der Sichtweise des Informationsverarbeitungsansatzes sind geistige (kognitive) Prozesse in erster Linie spezielle Formen der Transformation (Verarbeitung) von Informationen. Gedächtnis bezeichnet nichts anderes als unsere Fähigkeit, Informationen aufzunehmen, zu speichern und bei Bedarf wieder abzurufen. Diese Prozesse vollziehen sich [...] in einem Gedächtnissystem, das aus mehreren Speichern besteht."

Die Aufnahme der Informationen wird über die Sinneskanäle aus der Umwelt aufgenommen. Gedächtnisprozesse werden als Teilprozesse der Informationsverarbeitung angesehen, die wiederum eng mit Prozessen der Wahrnehmung, des Denkens oder des Problemlösens in Verbindung stehen [BÜTTNER 2003:25].

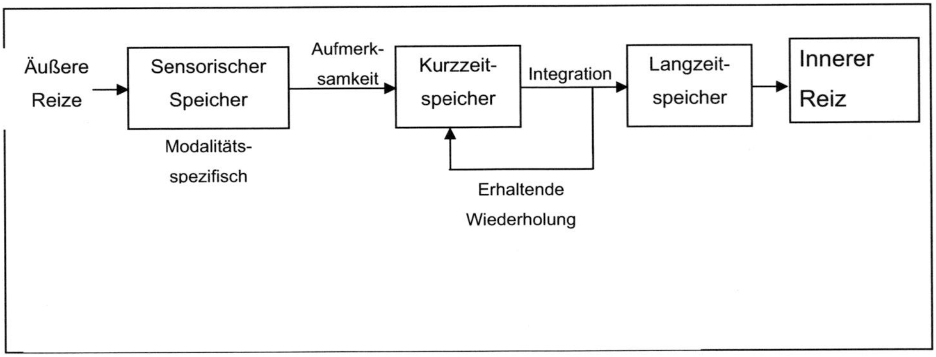

Modell des Gedächtnisses, Lauer (1998:17)

Dieses Modell zur Zwei-Komponenten-Theorie stellt die Speicherungsebenen des Gedächtnisses dar. Über die Sinneskanäle gelangen die Informationen in den sensorischen Speicher, der über nahezu unbegrenzte Kapazität, aber nur über eine sehr geringe Speicherdauer von etwa 2 Sekunden verfügt. Hier fließen alle Informationen aus den Sinneskanälen ein, wo sie enkodiert werden [LAUER 1998, ZIMBARDO 1999].

Durch Funktionen der Aufmerksamkeit kommt es zu Entscheidungsprozessen, welche der eingegangenen Stimuli in den Kurzzeitspeicher (temporären Arbeitsspeicher) überführt werden, in welchem alle mentalen Verarbeitungsprozesse stattfinden. Im Kurzzeitspeicher können etwa 7 Items ohne weitergehende Prozesse, wie etwa Wiederholungen, für einen Zeitraum von etwa 20-30 Sekunden behalten werden, wenn diese nicht wiederholt werden. Nach diesem Zeitraum werden die Informationen entweder gelöscht oder durch erhaltende Wiederholung an den Langzeitspeicher weitergeben. Die Kapazität des Speichers, die altersabhängig ist, wird über die Anzahl der Items bestimmt. Während Kinder im Grundschulalter über eine Kapazität von drei bis vier Items verfügen, steigert sich diese im Erwachsenenalter auf sieben Einheiten [ZIMBARDO 1999; BÜTTNER 2003].

Das Kurzzeitgedächtnis kann in seiner Speicherkapazität und in seiner Funktion in eine passive und eine aktive Ebene untergliedert werden. Im passiven Speicher werden Informationseinheiten aufgenommen und behalten, ohne dass weitere Verarbeitungsprozesse stattfinden. So werden auf dieser Ebene akustische Informationen wiedergegeben, ohne dass dabei die Reihenfolge beachtet wird. Im aktiven Speicher [BÜTTNER 2003], welcher [LAUER 1998] die Teilfunktion der „Sequenz“ zuordnet, werden, im Gegensatz zum passiven Speicher, die Informationen in spezifischer Weise weiterverarbeitet, so dass die richtige Reihenfolge auditiver Stimuli erfasst werden kann. Diese Teilfunktion des auditiven Gedächtnisses ist deswegen bedeutsam, da die Reihenfolge von Lauten und Silben in Wörtern, Wörter in Sätzen usw. bedeutungsunterscheidend sind [LAUER 1998]. Das auditive Gedächtnis steht in engem Zusammenhang mit der Lautdifferenzierung, da die Phonemstrukturen gespeichert werden. Auf diesen Phonemstrukturen bauen die semantischen und lexikalischen Strukturen auf.

Im weiteren Prozess erfolgt nur die Weitergabe weniger Informationen an das Langzeitgedächtnis. Es folgt für wenige Informationen die Weitergabe in das Langzeitgedächtnis. Diese Fähigkeiten des auditiven Gedächtnisses haben eine wichtige Bedeutung im Sprachverständnis, um die Reihenfolge von Lauten und Silben korrekt zu verknüpfen und zu klassifizieren [JOLICOEUR 1999].

Sprachrelevante Teilfunktionen der auditiven Wahrnehmung

- Analyse

Die Fähigkeit, einzelne Laute und Silben aus Wörtern, oder Wörter aus Sätzen zu extrahieren, wird als Analyse bezeichnet. Hierbei geht es nicht nur um das Herauslösen sprachlicher Einheiten, sondern auch um deren Positionsbestimmung. Die Fähigkeit zur Sprachanalyse entwickelt sich in Ansätzen bereits im Vorschulalter, mit dem Erwerb der Schriftsprache aber letztlich mit dem Eintritt in die Grundschule. Im Verlauf des Lesen- und Schreibenlernens wird die Fähigkeit der Lautanalyse immer differenzierter ausgebildet. Können vom Kind anfangs nur einzelne Laute innerhalb eines Wortes erkannt werden, ist das Kind schließlich in der Lage, ein ganzes Klangbild in seiner Lautstruktur zu analysieren. Es wird also zusehends in die Lage versetzt, alle Laute des Wortes zu erkennen und nach ihrer Position im Wort zu bestimmen. Voraussetzung hierfür ist vor allem das zeitliche Auslösungsvermögen, dass mit dieser Teilleistung bedeutend an Geschwindigkeit zunimmt, sowie ein gut funktionierendes seriales auditives Kurzzeitgedächtnis und rhythmische Differenzierungsfähigkeit. Die Lautanalyse kann nur dann gelingen, wenn das Kind permanent die herausgelösten Phoneme nach ihrem Klang und ihrer Position im Wort mit dem Klangbild des Wortes abgleicht. Dafür ist ein gutes auditives seriales Kurzzeitgedächtnis unerlässlich. Potentielle Schwierigkeiten bei der Ausbildung dieser

Leistung ergeben sich aus den Eigenheiten der (deutschen) Sprache. So werden viele Laute an Wortenden verschliffen, so ist beispielsweise bei Wortendungen mit „en“ das „e“ nicht hörbar, stattdessen hört man den Laut /m/, statt „toben“ hört man „tobm“. Zudem gibt es viele Lautkombinationen, wie z.B. /kr/, /gr/, /ng/ , /qu/, die nicht als zwei getrennte, unabhängige Laute, sondern als Lauteinheit wahrgenommen werden.

- Synthese

Die Synthesefähigkeit entwickelt sich wie die Analyse erst mit Eintritt in die Grundschule und ermöglicht es dem Schüler, einzelne Laute und Morpheme zu einem komplexen akustischen Gesamtereignis zusammen zu setzen. Diese Fähigkeit ist eine unabdingbare Voraussetzung für den Leselernprozess und wird erst mit diesem erworben. Die Synthese stellt höhere prozedurale Anforderungen als die Analyse und ist dementsprechend auch schwieriger zu erwerben. Allerdings baut diese direkt darauf auf. Syntheseprozesse können nur dann erfolgreich ablaufen, wenn die Analysefähigkeit ausreichend ausgebildet ist. So müssen beim Schreiben lautliche Einheiten erst analysiert und selektiert werden, anschließend in eine optische Gestalt gebracht und als Schriftbild zusammengefügt werden um dabei zu einer lautlichen Einheit verschmelzen. Beim Lesen müssen räumlich angeordnete Zeichen analysiert werden, ein Laut muss dem optischen Zeichen zugeordnet werden, in eine zeitliche Folge gebracht und in eine Lautfolge gebracht werden.

- Ergänzung

Fragmentarische akustische Informationen müssen von unserem Gehirn ergänzt und vervollständigt werden, um sinnvolle Informationen aus dem Gehörten entnehmen zu können. Diese Fähigkeit wird als Ergänzung bezeichnet und stellt eine wichtige und komplexe Teilfunktion der auditiven Wahrnehmung dar. Die Leistung dieser Teilfunktion ist abhängig vom Kontext, der Art und Menge der Informationen usw. Besteht ein Kontext und in den die fragmentarischen Informationen eingebettet werden können, fällt es dem Gehirn leichter, diese sinnvoll zu ergänzen. Im Alltag ist diese Funktion bei uns ständig umgebenden Umweltgeräuschen sehr wichtig, um einzelne Wörter und Sätze richtig zu verstehen und interpretieren zu können.

6 Auditive Wahrnehmungsstörungen

Das Phänomen der auditiven Wahrnehmungsstörungen ist allgemein anerkannt, wurde aber lange, aufgrund unterschiedlicher Definitionen und Auffassungen der auditiven Wahrnehmung, unterschiedlich beschrieben.

So sind Begriffe wie:

- „zentral auditive Wahrnehmungsstörung“,
- „zentral- auditive Verarbeitungsstörung“,
- „zentrale Hörstörung“,
- „zentrale Fehlhörigkeit“,
- „rezeptive Hörstörung“ u.a.

geläufig, da sich die Symptome schwer voneinander abgrenzen lassen und aufgrund dessen mehrere Fachbereiche wie die Psychiatrie, Neurologie, Psychologie, Pädagogik, Logopädie, Audiologie und Pädiatrie sind in diesem Themenfeld tätig (WARNKE 1995). Zudem zeigt die Vielfalt der Begrifflichkeiten, wie komplex und heterogen dieses Störungsbild ist.

Derzeit liegen zwei Konsensusstatements vor, die als Diskussionsgrundlage zu diesem Thema dienen. So geht die *American Speach Language Association* von mehreren zentralen auditiven Prozessen aus, welche verantwortlich sind für die Lokalisation und Lateralisation von Geräuschen, auditive Diskrimination, Erkennen von auditiven Mustern, zeitliche Aspekte des Hörens wie zeitliche Auflösung, Maskierung, Integration und Abfolgeerkennung [ASHA 1996]. So liegt eine Wahrnehmungsstörung dann vor, wenn eine oder mehrere dieser Funktionen gestört sind. Diese Umschreibung wird aber auch kritisch diskutiert, da die ASHA lediglich alle Symptome und Erscheinungsbilder, die in der Literatur erwähnt werden, auflistet und damit zu wenig zum Verständnis dieses Themenfeldes beiträgt [MEDWETSKY 2001].

Während die ASHA damit einer Umschreibung der Definition von Wahrnehmung umgeht, hat das Konsensusstatement der deutschen Gesellschaft für Phoniatrie und Pädaudiologie [PTOK et al. 2000] eine neuropsychologische Beschreibung vorgeschlagen [ROSENKÖTTER 2003]. So unterteilt diese den Wahrnehmungsprozess in einen basalen Verarbeitungsprozess und einen höheren Wahrnehmungsprozess. Der Verarbeitungsprozess umfasst dabei die *„neuronale Weiterleitung sowie Vorverarbeitung und Filterung von auditiven Signalen bzw. Informationen auf verschiedenen Ebenen (Hörner, Hirnstamm, Kortex)“* während die Wahrnehmung *„als ein Teil der Kognition im Sinne einer zu höheren Zentren hin zunehmenden bewussten Analyse auditiver Informationen“* verstanden wird [PTOK et al. 2000:3].

Eine auditive Verarbeitungs- und Wahrnehmungsstörung AVWS liegt dann vor, wenn bei normalem peripherem Hörvermögen und normaler Grundintelligenz *„zentrale Prozesse des Hörens gestört sind.“* [PTOK et al. 2000:4]. Dies betrifft die Analyse, Weiterleitung, Vorverarbeitung auditiver Signale auf verschiedenen Ebenen des zentralen Nervensystems mit überwiegend betroffenen aufsteigenden („bottom-up“) und wenigen involvierten absteigenden („top-down“) Funktionen. Es liegt also keine Störung der auditiven Wahrnehmung vor, wenn der Sinngehalt akustischer Signale lediglich auf Grund eingeschränkter kognitiver Fähigkeiten nicht verwertet werden kann (PTOK et al. 2000, AWMF 2002).

Sowohl die ASHA (1996) als auch die Gesellschaft für Phoniatrie und Pädaudiologie (2000) betonen, dass auditive Verarbeitungs- und Wahrnehmungsstörungen nicht nur isoliert, sondern auch in Verbindung mit anderen Störungen (z.B. Hyperaktivität oder Aufmerksamkeitsdefizitstörung, Sprachentwicklungsverzögerung, Lese- und Rechtschreibschwäche) vorliegen können. Da eine enge Vernetzung zu diesen Krankheitsbildern besteht, kann im Einzelfall eine eindeutige Zuordnung nicht getroffen werden. Die Unterteilung des Wahrnehmungsprozesses in einen Verarbeitungs- und Wahrnehmungsprozess dient vor allem der Möglichkeit zur differenzierten Diagnose und der Wahl angemessener Therapiemaßnahmen [NIKISCH 2002].

ROSENKÖTTER (2003) folgt dieser Trennung in einen Verarbeitungs- und Wahrnehmungsprozesses nicht (s. Kapitel 5), sondern behandelt Verarbeitungs- und Wahrnehmungsprozesse als ganzheitliches System. In dieser Arbeit folge ich den Ausführungen ROSENKÖTTERS (2003) und stelle deswegen (s. Begründung in Kapitel 5) die verschiedenen Störungen nicht nach Kriterien des Konsensusstatements [PTOK 2000] dar. Den Darstellungen ROSENKÖTTERS (2003) folgend wird in dieser Arbeit auch nicht der Begriff der „Auditiven Verarbeitungs- und Wahrnehmungsstörung“ AVWS nach PTOK (2000) verwendet, sondern der Begriff der „Auditiven Wahrnehmungsstörung“ AWS nach ROSENKÖTTER (2003).

Insgesamt stellt es sich als schwierig dar, auditive Wahrnehmungsstörungen getrennt von anderen Wahrnehmungsstörungen und Entwicklungsstörungen zu unterscheiden, da oft mehrere Erscheinungsbilder miteinander vermengt sind [ROSENKÖTTER 2003]. In dieser Arbeit werden auditive Wahrnehmungsstörungen als isolierte Teilleistungsstörung betrachtet, so dass nur Störungen dieser Sinnesmodalität aufgeführt werden. Inter- und supramodale Faktoren wie Vigilanz und Motivation werden außer Acht gelassen. Hier erfolgt eine künstliche Trennung, da auditive Wahrnehmungsstörungen nur in seltensten Fällen isoliert auftreten und meist mit anderen Wahrnehmungsstörungen in Kombinationen anzufinden sind.

Bei auditiven Wahrnehmungsstörungen handelt es sich um Störungen einer komplexen Funktionsgruppe. Es sind also mindestens zwei verschiedene Wahrnehmungsfunktionen in ihrem Leistungsvermögen eingeschränkt. Hier dienen alters- und geschlechtstypische Normen. Des Weiteren müssen sich die Störungen so auswirken, dass das Alltagsleben dadurch in Mitleidenschaft gezogen ist. Ist nur eine Teilfunktion betroffen, wird die Störung nach ihrer spezifischen Funktionen benannt, z.B. gestörte auditive Lokalisation [ROSENKÖTTER 2003].

6.1 Ätiologie

„Die noch nicht vollständig aufgeklärte Komplexität der Hörverarbeitung erschwert die Klärung der bei AVWS zugrunde liegenden Pathogenese“ [UTTENWEILER 1996]. Eine genaue Zuordnung von Ursache und Wirkung ist nicht möglich. Ursachen für eine gestörte auditive Wahrnehmung sind auf *„Dysfunktionen der Afferenzen und Efferenzen der zur Hörbahn gehörenden Anteile des zentralen Nervensystems“* [PTOK et al. 2000:3] zurückzuführen, wobei aber nicht klar ist, inwiefern diese Störungen nur die Hörbahn betreffen, oder ob ein generelles Defizit vorliegt. Insgesamt sind die Ursachen wenig erforscht.

LAUER (1992) gliedert die Ursachen in medizinische Faktoren und Umwelteinflüsse auf. Als medizinische Faktoren werden Hirnreifungsverzögerungen, frühkindliche Hirnschädigungen und chronische Mittelohrentzündungen im frühen Kindesalter genannt. Auf Umwelteinflüsse verweist WIRTH (1983) mit dem Hinweis auf ein fehlerhaftes Lernangebot in der frühkindlichen Entwicklung, was eine verminderte Vernetzung im ZNS nach sich zieht [LAUER 1992]. Tatsächlich gibt es kritische Phasen in der Entwicklung des auditiven Wahrnehmungssystems, so dass eine unzureichende Stimulation Fehlentwicklungen nach sich ziehen kann. Weitere Faktoren für Wahrnehmungsstörungen sind auf genetische Einflüsse und die familiäre Veranlagung zurückzuführen [ROSENKÖTTER 2003].

So können als Ursachen für Wahrnehmungsstörungen folgende Faktoren genannt werden [LAUER 1992, PLATH 1996, ROSENKÖTTER 2003, ZOROWKA 2001, ZIMMER 1999]:

- Genetische Einflüsse, familiäre Veranlagung.
- *Psychosoziale Situationen*, die zu ungünstigen Lernbedingungen führen: psychischer und physischer Stress der Mutter, z.B. familiäre und berufliche Konflikte, unerwünschte Schwangerschaft, Abortversuche.
- *Pränatale Risiken*: Infektionskrankheiten; Nikotin-, Alkohol-, Medikamenten- oder Drogenmissbrauch; Unterversorgung mit Nährstoffen und eingeschränkte Durchblutung während der Schwangerschaft.
- *Perinatale Risiken*: Frühgeburt oder Übertragung, Sauerstoffmangel und Kreislaufschock (auch vor und nach der Geburt), Nabelschnurumschlingung, niedriger Apgar-Wert, starke Hyperglykaemie, Wehenschwäche, Saugglocken- oder Zangenentbindung, Kaiserschnitt, Mehrfachgeburten und Infektionen, z.B. Amnioninfektionssyndrom.
- *Postnatale Risiken*: schwere Infektionen (Gelbsucht, Sepsis, Meningitis, Enzephalitis), toxische Ursachen, Ernährungsstörungen mit Toxikose, rezidivierende Mittelohrentzündungen und –ergüsse im Kleinkindalter, akustische Deprivation.
- *Mangel an Entwicklungsreizen*: Die Umgebung dieser Kinder bietet wenig Möglichkeiten, sensomotorische Erfahrungen zu sammeln. Wenig Körperkontakt, Bewegungsmangel und Überbehütung können Ursachen sein.
- *Unausgewogene Reizeinflüsse*: z.B. wenn ein Kind nur fernsieht und nicht spielt, kann ein Sinnesbereich visuell-auditiv überfordert, und ein anderer unterfordert werden, z.B. taktil-kinästhetisch, und es kann zu Störungen in der Reizverarbeitung kommen.

Störungen der Wahrnehmungsentwicklung können entsprechend den drei Entwicklungsstufen von AFFOLTER (1995) eingeteilt werden in:

- *modalitätsspezifische Störungen*: Verarbeitungsprobleme liegen in den einzelnen Sinnesbereichen, z.B. hören.
- *intermodale Störungen*: Die Integration der Wahrnehmung ist beeinträchtigt.
- *seriale Störungen*: mangelnde Fähigkeit, einen räumlichen oder zeitlichen Ablauf von Reizen zu erkennen, im Gedächtnis zu behalten und darauf zu reagieren.

6.2 Häufigkeit

In der Literatur wird von einer Prävalenz von auditiven Wahrnehmungsstörungen von 2-3% aller Kinder ausgegangen, bei Erwachsenen liegen die Angaben etwa bei 10-20%. Nach Ergebnissen des Landesgesundheitsamt Baden-Württembergs liegt die Prävalenz auditiver Wahrnehmungsstörungen wesentlich höher. So haben die Untersuchungen mit dem Breuer-Weuffen-Test, durchgeführt zwischen 1997 und 2001 folgende Daten ergeben:

Untersuchungs bereich	Einschulungs untersuchung 2001 (N = 11342)	Einschulungs-untersuchung 2000 (N = 5912)	Einschulungs-untersuchung 1999 (N = 4769)	Praxistest 1997 1. Klasse (N = 592)
Optisch-grapho-motorisch	31,2%	35,5%	35,1%	18%
Akustisch – phonematisch	23,6%	22,3%	27,3%	28%
Kinästhetisch – artikulatorisch	5,9%	9,1%	11,2%	11%
Melodisch		7,5%	9,8%	12%
Rhythmisch	5,6%	6,3%	9,8%	7%

entnommen aus LGA B.-W. 2002:12

Davon sind in den jeweiligen Bereichen förderbedürftig (1999-2001, n>500):

1999-2001 (n>500)	Optisch-Graphomotorisch	Akustisch-Phonematisch	Kinästhetisch-Artikulatorisch	Ryhtmisch
Streubreite	2% - 9%	2% - 7%	3% - 14%	2% - 19%

Entnommen aus LGA B.-W. 2002:30

Bei Kindern mit schulischen Problemen liegt der Anteil derer, die unter einer Störung der auditiven Wahrnehmung leiden, bei bis zu 75%. [BENCH, MAULE 1997; GÜNTHER, GÜNTHER 1992; PAGE 1985].

6.3 Teilfunktionsstörungen

Auditive Aufmerksamkeitsstörung

Ist die auditive Aufmerksamkeit beeinträchtig, können auditive Stimuli nicht oder nur teilweise wahrgenommen werden. Davon können sowohl die allgemeine Aufmerksamkeit (Vigilanz), als auch die selektive Aufmerksamkeit, betroffen sein. Die betroffene Person ist nicht oder nur eingeschränkt in der Lage, auditiven Stimuli lang- oder kurzfristig zu folgen. Dabei besteht ein enger Zusammenhang zwischen selektiver, kurzfristiger Aufmerksamkeit und dem Konzentrationsvermögen [STURM 1989]. Die auditive Aufmerksamkeit ist die Basis für andere auditive Teilfunktionen und bildet damit die Grundlage für höhere und komplexere auditive Wahrnehmungsprozesse. Damit kann eine Beeinträchtigung der auditiven Wahrnehmung zu multiplen Schwächen in anderen auditiven Bereichen führen. Eine spezifische auditive Aufmerksamkeitsstörung hat unmittelbar zur Folge, dass Geräusche, Klänge und Laute unter anderem nur verzögert wahrgenommen werden können. Damit können die weitergehenden auditiven kognitiven Verarbeitungsschritte nicht vollständig durchgeführt werden [LAUER 1998; SEVOSTIANOV et al. 2002].

Damit hat der Schüler große Probleme, Handlungsanweisungen zu folgen, da die Aufmerksamkeit nicht oder nur unter großer Mühe zielgerichtet auf akustisches Material, wie Anweisungen, Vorgelesenem usw. gelenkt werden kann. Da ein enger Zusammenhang zwischen auditiver Aufmerksamkeit und Konzentrationsfähigkeit besteht, ist hier die

Schulleistung unmittelbar betroffen. Denn das Hinhorchen, das Zuhören, vor allem aber das Diktat erfordert einen sehr hohen Grad an auditiver Aufmerksamkeit und Konzentration. So stellt das Diktat *„...einer der schwierigsten Fertigkeiten...“* in der Schule dar, *„...da es sich dabei um einen Systemwechsel- und Transkodierungsprozess handelt, bei dem bestimmte sprachliche Einheiten von der auditiv-phonetischen in die optisch-graphemische und schließlich in die schreibmotorische Ebene transportiert werden müssen.“* [ADOLF 1967:93]. Dieses Zitat zeigt deutlich, dass am Diktat eine Vielzahl von auditiven Teilfunktionen beteiligt sind, wobei besonders die auditive Aufmerksamkeit den Erfolg bestimmt.

Wenn die Aufmerksamkeitsspanne selektiv oder generell beeinträchtig ist, hat der Schüler zudem Probleme, die Ausdauer bei verbal gestellten Aufgaben aufrecht zu erhalten. Durch den hohen Lärmpegel im Klassenzimmer wird der Schüler in seiner Konzentrationsfähigkeit beeinträchtigt. Schüler mit dieser Funktionsbeeinträchtigung haben Probleme, im Unterrichtsverlauf „am Ball“ zu bleiben und sind vor allem durch Geräusche leicht ablenkbar. Die Mitarbeit und mündliche Beteiligung im Unterricht, Stuhlkreis, in Arbeitsgruppen usw. ist auffällig zurückhaltend.

Gestörtes Lautheitsempfinden

Ist das Lautheitsempfinden gestört, werden Umgebungsgeräusche nicht in adäquater Weise wahrgenommen. Schallereignisse werden entweder als zu laut oder als zu leise wahrgenommen. Werden Geräusche als zu laut empfunden, spricht man von Hyperakusis. Dieses Phänomen ist gut erforscht, vor allem in der Tinitius-Forschung. Allerdings ist darauf hinzuweisen, dass ein gestörtes Lautheitsempfinden, abhängig vom Alter der betroffenen Person, zu verschiedenen Diagnosen führt. Sind ältere, erwachsene Personen von einem gestörten Lautheitsempfinden betroffen, handelt es sich, im Gegensatz zu Kindern, relativ selten um eine Teilfunktionsstörung, sondern geben meist Hinweis auf eine alters- und/oder lärmbedingte Hörminderung.

Handelt es sich bei einer Hyperakusis um eine Teilfunktionsstörung, kann eine Überempfindlichkeit gegen Geräusche als „Ganzes“ oder nur bei bestimmten Frequenzen auftreten [ROSENKÖTTER 2003]. Betroffene Kinder beklagen sich häufig bei normalem Geräuschpegel über eine zu laute Umgebung und halten sich die Ohren zu, dadurch werden sie in ihrer Konzentration und Aufmerksamkeit beeinträchtigt [BARTH 1999]. Paradoxerweise denken die Betroffenen häufig, dass sie besonders gut Hören könnten, wobei es sich jedoch um eine Illusion handelt. Ein gutes Gehör zeichnet sich zwar durch seine Empfindlichkeit aus, dennoch ist es in der Lage, Lautstärken zu regulieren und nimmt eine normale Geräuschkulisse nicht als schmerzhaft wahr.

Kinder mit einem gestörten Lautheitsempfinden reagieren häufiger nervös oder auch aggressiv, wenn eine Lärmbelastung (wie Staubsaugen, Kindergeschrei, das Zuschlagen einer Tür oder etwas Ähnliches) auftritt. Da die Lärmpegel für Außenstehende normal sind und als wenig störend und vor allem auch nicht als schmerzhaft empfunden werden, werden solche Reaktionen als übertrieben wahrgenommen und folglich auch nicht ernst genommen.

Gestörte Selektion

Bei gestörter Selektion ist die Figur-Hintergrund-Wahrnehmung gestört. Die Störschall-Nutzschall-Filterfähigkeit funktioniert nur eingeschränkt. Bei der gestörten Fähigkeit zur Wahrnehmung von Nutzschall-Störschall hat der Betroffene Schwierigkeiten, die Stimme aus einem Geräuschpegel herauszuhören, da hier keine ausreichende Differenzierungsleistung vorgenommen werden kann. Das Vordergrundsignal kann vom Hintergrundsignal nicht identifiziert, bzw. nicht ausreichend getrennt werden. Die Sprachdiskrimination ist damit beeinträchtigt. Nebengeräusche können von der Sprache nur schwer unterschieden werden, da diese genau so laut erscheinen. Kinder mit eingeschränktem Selektionsvermögen gelingt es nur unter großer Konzentration und gerichteter Aufmerksamkeit, wichtige akustische Signale von unwichtigen Neben- oder Hintergrundgeräuschen zu trennen. Bei komplexen Schallereignissen sind diese Kinder schnell überfordert und unfähig, das relevante sprachliche Material herauszufiltern.

Um die Stimme einer Person aus einem Geräuschpegel heraushören zu können, muss der Nutzschall mindestens 6dB lauter sein als der umgebende Störschall [ROSENKÖTTER 2003]. Ist die Figur-Hintergrund-Wahrnehmung gestört, ist dieser Schallpegel herabgesetzt. Um sich auf eine sprechende Person einzustellen, muss ein Vielfaches an Aufmerksamkeit und Konzentration eingesetzt werden, um der sprechenden Person folgen zu können. Die Verstehensleistung ist vor allem in lauten oder hallenden Räumen schwierig.

Es kommen ebenso verstärkte Verstehensprobleme auf, wenn mehrere Personen gleichzeitig reden oder der Fernseher, das Radio und Ähnliches im Hintergrund läuft. Dies wirkt sich negativ auf das allgemeine Aufmerksamkeits- und Konzentrationsvermögen aus. Die Spannung kann über einen längeren Zeitraum nicht aufrechterhalten werden. Durch das konzentrierte Zuhören sind die Kinder deutlich mehr angestrengt als Kinder, die an dieser Störung nicht leiden. Dies führt dazu, dass die generelle Ablenkbarkeit erhöht ist. Typische Symptome bei herabgesetztem Selektionsvermögen sind also geringe Aufmerksamkeit, erhöhte Ablenkbarkeit, Nebenbeschäftigungen, geistige Abwesenheit, motorische Unruhe, schnell nachlassende Motivation und ähnliches. Diese Kinder lassen sich leicht durch unwichtige Geräusche wie Ventilatoren, Gehgeräusche, hinfallende Gegenstände usw. ablenken. Betroffene Kinder neigen zu extremem Aufdrehen der Lautstärke von Radio, Stereoanlage oder Fernseher, um sich von Störgeräuschen abzuschirmen und den Nutzschall ungestört wahrnehmen zu können.

Tritt ein gestörtes Selektionsvermögen in Kombination mit erhöhtem Lautheitsempfinden auf, kann sich das äußerst ungünstig im schulrelevanten Kontext auswirken. Durch verschiedene Untersuchungen von MOODLEY (1989) und HARTUNG (1983) konnte festgestellt werden, dass der durchschnittliche Geräuschpegel in Klassenzimmern zwischen 65-76dB liegt. Es kommen häufig noch die ungünstigen akustischen Eigenschaften von Klassenzimmern hinzu, z.B. schlechte Dämpfung und hallige Eigenschaften usw. Des Weiteren nimmt die Lehrerstimme, die aus einem Meter Entfernung durchschnittlich eine Lautstärke von 85dB hat, mit jeder Verdopplung der Entfernung um etwa 6dB ab. Das heisst, dass selbst bei einwandfreiem Selektionsvermögen die Stimme des Lehrers nur aus 1 m Entfernung garantiert verständlich ist. Ab einer Entfernung von 2 Metern beträgt das Verhältnis von Stör- zu Nutzschall bereits 70dB Nutzschall zu durchschnittlich 73dB Störschall, so dass es hier bereits zu Verständnisschwierigkeiten kommen kann, die aber meist durch die Ergänzungsfähigkeit ausgeglichen wird. Ab einer Entfernung von 4 Metern stehen der Lehrerstimme von etwa 67dB immerhin 70dB Hintergrundgeräuschen entgegen, ab einer (nicht unüblichen) Entfernung von 8 Metern liegt der Störschall dann sogar im ungünstigen Fall 9dB über dem Nutzschall. Das Hörverständnis ist ab dieser Entfernung schon für Personen mit normalem Wahrnehmungsvermögen erschwert, bei gestörtem Selektionsvermögen muss mit extremen Verständnisproblemen gerechnet werden. Tritt hier also noch ein überempfindliches Lautheitsempfinden auf, wird der Hintergrund nicht nur als störend, sondern als schmerzhaft empfunden. Es kann schon früh im Verlauf des Unterrichtstages zu einer Überreizung kommen, die der Schüler nicht ausgleichen kann.

Bei normaler Geräuschkulisse treten Schwierigkeiten auf, den Anweisungen des Lehrers zu folgen. Häufig kommt es dabei zu Nicht- oder Falschverstehen. Welcher Stressfaktor Schule in diesem Kontext für einen Schüler bedeutet, kann bei fehlendem Wissen über diese Beeinträchtigung nicht nachvollzogen werden. Da sich diese Kinder häufig schon bei normalen Umgebungsgeräuschen über Lärm beklagen, z.B. wenn durcheinander gesprochen wird, wird dies von Lehrern nicht ernst genommen. Oft kehrt sich die Lage um, wenn die Kinder selbst als Störfaktor wahrgenommen werden, da sie ständig nachfragen, über Lärm klagen, sich nach Arbeitsanweisungen immer wieder an den Mitschülern orientieren oder Nebenbeschäftigungen nachgehen.

Gestörtes Richtungshören

Geräuschquellen können aufgrund von minimalen Lautzeitunterschieden von 10-20 ųs und leichten Pegelunterschieden von 0,8-1,5dB auf zwei Grad in der Horizontalen lokalisiert werden [ROSENKÖTTER 2003, ESSER 1993, NICKISCH 2002, LAUER 1997]. Damit ist das auditive System in der zeitlichen Verarbeitung um ein Vielfaches leistungsfähiger als das visuelle System (etwa um das 60-fache). Ab einer Abweichung von mehr als 6 Grad (LEHNHARDT 1996), bzw. 7,5 Grad (PLATTE et al. 1978) muss man von einer Störung des Richtungshörens ausgehen.

Das Richtungshören kann über audiologische Tests ermittelt werden. Die Konsequenzen eines gestörten Richtungshörens erscheinen auf den ersten Blick nicht allzu dramatisch. Bei genauerer Betrachtung dieses Störungsfeldes lassen sich dennoch einige Faktoren aufzeigen, die sich negativ im Schulkontext und im Selbsterleben des Schülers bemerkbar machen. Kann die Herkunft eines akustischen Signals nicht genau zugeordnet werden, muss der Betreffende die Schallquellen bewusst optisch suchen. D.h. ein Großteil der vorhandenen Aufmerksamkeit und Konzentration muss für ständige visuelle Orientierungsprozesse aufgewandt werden.

Fallende Gegenstände, plötzliches Poltern, Kreischen, Schreien usw. können bei diesem Orientierungsproblem Schrecksituationen hervorrufen; in lauten Klassen/Arbeitsgruppen usw. ist die akustische Orientierung auf den Lehrer oder den Sprechenden, fast nicht mehr möglich. Die Aufmerksamkeit für eine begonnene Arbeit ist für akustisch fehlorientierte Menschen gestört, sobald die Arbeitsstille unterbrochen wird, da hier eine Neuorientierung stattfinden muss [NIKISCH 2002].

Ebenso besteht ein direkter Zusammenhang von Sprachverstehen und Richtungshören. Sprachverständnis in akustisch komplexen Situationen setzt genaues Richtungshören voraus, da nur über diese Fähigkeit auch die Selektion der relevanten akustischen Informationen erfolgen und gezielt die Aufmerksamkeit gesteuert werden kann. Auch sind komplexe Geräuschkulissen viel häufiger anzutreffen, als es uns im Alltagsdenken bewusst ist. Die Akustik in Klassenzimmern ist äußerst komplex. Faktoren wie Hall und Nachhall haben durch hohe Räume und große Fensterflächen einen Einfluss. Gespräche oder Tuscheln der Klassenkameraden, Unruhe in der Umgebung, Straßenlärm, Stühle rücken usw. stellen weitere Faktoren dar.

Eine hohe Gefahrenquelle stellt der Straßenverkehr dar. Hier müssen visuelle Kompensationsstrategien angewandt werden, da es durch die große Vielzahl akustischer Eindrücke zu Desorientierung und Unwohlsein kommen kann. Auch in großen Hallen, wie Sport-, Stadt- und Konzerthallen oder Schwimmbädern, kann der Klang nicht gebündelt werden, so dass es zu Desorientierung kommen kann. Gerade beim Sport wirken diese Kinder oft unsicher und ungeschickt. Fällt ein Kind gerade hier durch Unsicherheit auf, so sollte zunächst eine Abklärung beim Ohrenarzt erfolgen.

Lautdifferenzierung

Bei der Lautdifferenzierung handelt es sich um die Fähigkeit, die Modalitäten der Lautqualitäten zu unterscheiden und klangähnliche, aber bedeutungsunterscheidende Konsonanten und Vokale aus dem Redestrom zu differenzieren. Die Fähigkeit zur Unterscheidung von subtilen Lautunterschieden innerhalb eines sprachlichen Ganzen entwickelt sich relativ spät. Vorschulkinder sind in den seltensten Fällen in der Lage, Lautunterschiede herauszuhören.

Diese Schwäche gibt sich im Kindergarten und im Alltagsverhalten der Kinder nur schwer zu erkennen, da die phonematischen Unterschiede oft auch keine Rolle spielen und der

Sinngehalt über den Kontext erschlossen werden kann. Dies ändert sich allerdings mit dem Erwerb der Schriftsprache. Der Rechtschreiberwerb kann nur erfolgreich ablaufen, wenn Laute differenziert wahrgenommen und auf eine visuo-motorische Ebene transponiert werden. Die Fähigkeit zur differenzierten Wahrnehmung von Geräuschen und Lauten stellt damit eine unabdingbare Voraussetzung für den Erwerb der Sprachlaute dar.

Liegt bei dieser Teilfunktion eine Schwäche vor, kann sich das auf den gesamten Spracherwerbsprozess und den späteren Schriftspracherwerb negativ auswirken. Einzelne Phoneme oder Silben können nicht differenziert wahrgenommen werden. Es können Schwierigkeiten in der Differenzierung nach folgenden Kriterien auftreten: kurz - lang, laut - leise, hoch - tief, schnell - langsam, gleich – verschieden. Vor allem ähnlich klingende Laute wie beispielsweise b/d, d/t, b/p e/ä usw. können trotz mehrfach wiederholtem und konzentriertem Hinhören nicht mit Sicherheit unterschieden werden.

Die phonematische Differenzierungsfähigkeit erleichtert den Transfer von Gehörtem ins Langzeitgedächtnis. Je besser diese Differenzierungsfähigkeit ausgeprägt ist und damit die phonematische Struktur eines Wortes erkannt werden kann, desto besser kann damit auch der Sinn eines Wortes verstanden und somit auch ins Gedächtnis überführt werden [Breuer, Weuffen 2000]. Ist die phonematische Differenzierungsfähigkeit nicht ausreichend ausgebildet, kann auf semantische Strukturen schlechter zugegriffen werden, das Verstehen von Wörtern und Sätzen ist erschwert. Ist die Lautdifferenzierungsfähigkeit eingeschränkt, muss davon ausgegangen werden, dass die auf Gedächtnisinhalten beruhenden Arbeitsprozesse, wie Verfügbarkeit, Abruf und Umsetzung in Sprache und Rede in Mitleidenschaft gezogen sind.

Bei gestörter Differenzierungsfähigkeit können kleinste bedeutungsunterscheidende Laute nicht einwandfrei erkannt werden, statt /Nadel/ hört man /Nagel/, statt /gern/ - /Kern/. So kommt es zu Missverständnissen, Mitteilungen können nicht verstanden werden, vieles von dem, was das Kind und der Erwachsene hört, ergibt keinen Sinn und kann vor allem bei kleinen Kindern zu Konfusionen, Irritationen und Orientierungslosigkeit führen. Die Folgen für die Rechtschreibfähigkeit, als auch für die Lesefähigkeit können massiv sein. Wenn die phonematische Differenzierungsfähigkeit eingeschränkt ist, können die für den Schriftspracherwerb so wichtigen Analyse- und Synthesefähigkeiten nicht adäquat ausgebildet werden. Die Analyse und Synthese von akustischen und graphischen Zeichen setzt eine normal funktionierende Lautdifferenzierung voraus. Können einzelne Laute nicht differenziert wahrgenommen werden, können diese folglich auch nicht analysiert und im weiteren Prozess synthetisiert werden, da sie auch keinen Sinn ergeben. Wenn man als Kind nicht in der Lage ist, ein /g/ von einem /k/ zu unterscheiden, wenn der feine lautliche Unterschied nicht herausgehört werden kann, verlaufen alle analysierende Bemühungen im Sande und Syntheseprozesse können darauf aufbauend auch nicht mehr zum Tragen kommen. Beim Lesen können den Graphemen nicht die jeweiligen Phoneme zugeordnet werden, Wörter können damit nicht erkannt werden, die Sinnentnahme des Textes dadurch erschwert, im schlimmsten Falle unmöglich werden.

Bei Kindern, bei denen die Sprachlaute nicht differenziert wahrgenommen werden, äußerst sich dies meist auch in der Sprache. Entsprechend dem lautlichen Input, den sie erhalten, äußert sich der lautliche Output. Da die Kinder nicht hören, dass sie Laute falsch aussprechen, gewöhnt sich das Kind an diese falsche Sprache. Da das Kind Laute nicht differenziert wahrnehmen kann, hilft es auch nicht, dass man dem Kind die falsch ausgesprochenen Wörter immer wieder korrigiert vorspricht.

Das ist für einen „normal"-Hörenden schwer nachvollziehbar, kann aber anhand der visuellen Wahrnehmung verdeutlicht werden. Ein Mensch, der unter Farbenblindheit leidet, kann nicht zwischen Rot und Grün unterscheiden, stattdessen sieht er einen Farbton, der etwa dem entspricht, was Menschen ohne Farbenblindheit als Braun bezeichnen. Man kann einem Farbenblinden immer wieder rote und grüne Karten vorzeigen, er wird den eigentlichen Unterschied niemals sehen können. Ein Kind, das unter einer Lautdifferenzierungsstörung „leidet", wird trotz vielfachen Angebots die Unterschiede niemals wahrnehmen können.

Je älter ein Kind wird und dabei dieses Wahrnehmungsdefizit unbeobachtet bleibt, desto mehr verfestigen sich die Aussprache- und Sprachhörfehler. Je länger dieses Wahrnehmungsdefizit unerkannt bleibt, umso schwieriger wird es, diesem Prozess durch Therapie entgegenzuwirken. Die Folgen können gravierend sein. Die Schwierigkeit im Erkennen von Lautdifferenzierungsschwächen beim Kind liegen darin begründet, dass zum Einem die Lautdifferenzierungsfähigkeit einem langjährigen Prozess unterworfen ist und zum Anderen deswegen, weil Aussprachefehler nicht unbedingt einer phonematischen Differenzierungsschwäche zu Grunde liegen müssen. Ebenso können Sprech- und Sprachstörungen auf entwicklungsverzögerte Mundmotorik zurückgeführt werden oder andere entwicklungsbedingte Faktoren. Vor allem stehen dem Kind bei leichten Differenzierungsschwächen zahlreiche Kompensationsmöglichkeiten zum Ausgleich der Schwäche zur Verfügung, in dem es sich z.B. mehr auf die inhaltlichen Kontexte und auf die Mimik und Gestik des Sprechenden konzentriert. Solche Kompensationsstrategien können im Kindergarten noch voll ausgeschöpft werden, in der Schule allerdings fehlen solche situationsgebundene Charakteristika häufig, dazu kommt noch bei hohem Geräuschpegel, so dass sich diese Schwäche meist in Rechtschreibfehlern äußert.

Gestörte rhythmische Differenzierungsfähigkeit

Der Rhythmus dient der Sprache als Gliederungselement. Über Aktivität und Pausen, betonte und unbetonte Silben oder Atempausen markieren wir, was wichtig und was unwichtig ist, verändern den Inhalt, geben Struktur und lenken die Aufmerksamkeit des Gegenübers auf das, was uns als wichtig oder unwichtig erscheint. Neben der Satzmelodie ist es vor allem die rhythmische Gliederung, die dem Gesagten seine Bedeutung gibt.

Rhythmische Gliederung ermöglicht und erleichtert somit das Verstehen. Man kommt mit dem Verstehen zwangsläufig in Schwierigkeiten, wenn Gliederungselemente fehlen. Wenn wir jemandem zuhören, der zur falschen Zeit atmet, falsch oder nur schwach betont, usw. wird uns schnell bewusst, welche Konzentration und Aufmerksamkeit erforderlich ist, dem Gesagtem den richtigen Sinn zu entnehmen. Rhythmen können auf Bedeutungen hinweisen und diese ebenso verschlüsseln. Rhythmische Nuancen sind oft der entscheidende Hinweis auf den eigentlichen semantischen Höhepunkt in einem Satz. Rhythmen erkennen zu können, ist somit eine wichtige Voraussetzung für das Verständnis gesprochener Sprache. Rhythmen produzieren zu können, stellt eine unabdingbare Voraussetzung für das Sprechen dar. Ist die Fähigkeit zur rhythmischen Differenzierung gestört, hat ein Kind Probleme die rhythmische Struktur eines Wortes zu erkennen: es kommt in der Produktion auf verbaler und schriftlicher Ebene zu Umstellungen von Lauten und Silben, Buchstaben werden ausgelassen oder falsch eingesetzt, Wörter werden zusammengeschrieben, die Silbentrennung gelingt nicht. Werden Sätze in ihrem rhythmischen Ablauf, mit ihren Pausen und Betonungen nicht differenziert genug wahrgenommen, kommt es zu Missverständnissen, da die Aussage des Satzes nicht erfasst werden kann. In der Schule hat das die Folge, dass Arbeitsanweisungen nicht oder nur unvollständig befolgt werden.

„Die rhythmische Differenzierungsfähigkeit besitzt auch eine Grundlagenfunktion für die Ausbildung mathematische Fähigkeiten“ [Breuer, Weuffen 2000:43]. Mit dem Erfassen

von Rhythmus sind Begriffe wie „größer – kleiner“, „mehr – weniger“, „vorher – nachher“ verbunden. Ebenso gibt der Rhythmus Hinweise auf die Position eines Elementes, die Raum – Lage – Beziehung wird darüber ersichtlich, zumindest wird der Zugang erleichtert. Häufig ist bei Kindern mit einer gestörten rhythmischen Differenzierungsfähigkeit zu beobachten, dass sie sich durch vollkommenes Unverständnis von Mengen und Zahlen, Größenverhältnissen und ihrer Beziehung untereinander, auszeichnen [PUHL 2005]. Zahlen sind für solche Kinder keine festen Größen, sondern Variablen, die permanent neu erarbeitet werden müssen, beispielsweise über das Auszählen mit den Fingern. Damit haben Zahlen keine Signalfunktion. Ordnungszahlen und Kardinalzahlen können kaum erarbeitet werden, so dass diese Kinder häufig von Rechenschwäche betroffen sind.

Aus einem gestörten Ryhthmusvermögen können sich ebenso Strukturierungsschwächen und Orientierungsprobleme ergeben. Das Kind hat Probleme, strukturiert an Aufgaben heranzutreten, da es sich seine Zeit schlecht, bzw. falsch einteilt, da Aufgabenstellungen übersehen oder übersprungen werden und es sich allgemein schlecht mit Aufgabenblättern zu Recht findet. Dies äußerst sich z.B. so, dass scheinbar willkürlich an einer x-beliebigen Stelle angefangen wird, dass Aufgabenstellungen falsch oder ungenau bearbeitet werden. Es kann auch vorkommen, dass Aufgaben richtig gelöst, beim Niederschreiben allerdings falsch festgehalten werden. Das mangelnde Rhythmusgefühl hat durch seine Auswirkungen auf das Sprach- und Regelempfinden ein verzerrtes Vorstellungsvermögen zur Folgen, so dass die meist unsinnigen Lösungen den betroffenen Kindern nicht auffallen [PUHL 2005].

Gestörte melodisch-intonatorische Differenzierungsfähigkeit

Die Wahrnehmung feinster Tonhöhen und melodischer Charakteristika stellt eine entscheidende Voraussetzung für das Sprachverständnis dar. Über die Satzmelodie und über feinste Tonhöhenunterschiede kann der Inhalt von Gesprochenem erst erfasst werden. Über melodische Akzentuierungen, Pausen, Betonungen wird mitgeteilt, ob etwas wichtig oder unwichtig ist, ob ein Gedanke sich erst in der Entwicklung befindet oder ob er schon ausgereift ist. All dies muss vom Zuhörenden antizipiert werden und hat damit direkten Einfluss auf dessen geistige Tätigkeit. Ist diese Fähigkeit eingeschränkt, kann die Bedeutung des Gesagten vom Zuhörer nicht oder nur zeitverzögert ermittelt werden.

Die Satzmelodie des Lehrers soll dem Schüler ermöglichen, das Gesagte besser zu verstehen. Die Melodie hat starken Einfluss auf Motivation und Mitarbeit, auf die Aufmerksamkeit und das Konzentrationsvermögen. *„Mangelt es einem Kind an der Fähigkeit zur melodischen Differenzierung, dann werden Diskrepanzen zwischen seiner geistigen Aktivität und der vom Lehrer beabsichtigten begünstigt. Die Synchronie des Mitdenkens geht verloren. Kenntnislücken sind eine Folge. Das Kind verliert den Anschluss beim Lernen und schaltet ab*" [BREUER, WEUFFEN 2000:39]. Das Gehörte rauscht an einem vorbei. Ist die Sinnentnahme nur eingeschränkt möglich, verflacht das Interesse. Dahinter steckt kein Unwille oder Bösartigkeit. Das wahrnehmungsgestörte Kind ist schlicht überfordert. Da bei eingeschränkter melodischer Differenzierungsfähigkeit typische Merkmale wie Tonhöhe, Tonfall, Tonstärke und Tondauer nur unzureichend diskriminiert werden können, muss das Kind auf Kompensationsstrategien zurückgreifen. Es muss auf die Mimik und Gestik des Lehrers achten, muss visuelle Komponenten viel stärker berücksichtigen, muss vielmehr auf Gedächtnisinhalte und Vorwissen zurückgreifen. Dies darf zusätzlich nicht unwillkürlich, sondern muss strukturiert erfolgen. Des Weiteren müssen Nebengeräusche verstärkt unterdrückt werden. Dies führt zu einer raschen Ermüdung und Überforderung. Das Kind hinkt hinterher und kann dem Unterrichtsgeschehen nicht permanent folgen. Es braucht öfter und länger Pausen, um sich zu regenerieren. Der Zeitdruck lastet immens auf ihnen. Leistungsversagen und Demotivation sind die Folge. Amerikanische Untersuchungen [SHAW, RAUSCHER 1998] weisen darauf hin, dass eine therapeutische Verbesserung der melodisch-intonatorischen Differenzierungsfähigkeit positive Folgen für Mathematik und Schriftsprache nach sich ziehen.

Auditiv gestörtes Zeitauflösungsvermögen

Bei gestörtem Zeitauflösungsvermögen ist die Ordnungsschwelle, also die Zeitspanne, die benötigt wird, um zwei zeitlich aufeinander folgende Reize unterscheiden zu können, deutlich herabgesetzt. So werden zeitlich kurz oder schnell aufeinander folgende Reize im Millisekundenbereich nur mit Schwierigkeiten verarbeitet, bzw. unterschieden oder identifiziert und in der Folge summiert als ein akustischer Reiz wahrgenommen. Diese Minderung zieht eine Beeinträchtigung der phonematischen Differenzierungsfähigkeit nach sich.

Die Sprachverarbeitung bedarf einer guten Verarbeitung zeitlicher Vorgänge, da sich viele Konsonanten bei normalem Sprachtempo meist nur durch kleinste Zeitdifferenzen von etwa 10–20 ms [TALLAL 1980], bzw. 30–40 ms [BARTH 1997] voneinander unterscheiden. Können diese Zeitunterschiede nicht differenziert wahrgenommen, bzw. verarbeitet werden, hat das zur Folge, dass ein Kind aufgrund dieser Wahrnehmungsstörung ähnlich klingende Laute, wie z.B. zwischen einem /g/ und einem /k/ nicht unterscheiden kann. Dies kann in der Folge zu ungenügenden Repräsentationen von Sprachlauten führen. Sprachlaute können damit nur unter Schwierigkeiten kategorisiert, identifiziert und auch produziert werden. Studien von TALLAL (1973) belegen, dass vor allem Kinder mit starken Sprachdefiziten Probleme mit der zeitlichen Verarbeitung von sprachlichen Lauten haben. Aufgrund der Schwierigkeit, diese kleinsten zeitlichen Unterschiede ausreichend verarbeiten zu können, wird ein Defizit in der zeitlichen Verarbeitung schon des Längeren als ursächlich für LRS diskutiert [TALLAL 1980], da dadurch die phonematische Differenzierungsfähigkeit eingeschränkt wird, die wiederum Voraussetzung für die Phonologische Bewusstheit gilt [FARMER, KLEIN 1995].

Die Pausen zwischen Wörtern in Sätzen betragen bei schneller Sprache häufig weniger als 80ms. Diese zeitlichen Lücken müssen vom Hörer gut erfasst werden können, um den Sinn des Gesagten entnehmen zu können. Vor allem bei schneller Sprache sind diese Kinder überfordert. Analog dazu können Laute bei langsamerem Sprechen besser verstanden werden. Eine gute zeitliche Verarbeitungskapazität des Gehirns ist eine wesentliche Grundvoraussetzung für die Spracherkennung [BARTH 1997]. So haben Untersuchungen [TALLAL 1980, HARI & KIESILA 1996] nachgewiesen, dass Kinder mit Störungen der Lesefähigkeit eine schlechtere Auflösungsfähigkeit für zeitlich kurz aufeinander folgende akustische Stimuli haben.

Gestörte auditive Merkfähigkeit

Das auditive Gedächtnis ermöglicht die Speicherung auditiver Informationen und deren Verarbeitung und umfasst mehrere Stufen: den sensorischen Speicher (UKZG), den Arbeitsspeicher (KZG) und das Langzeitgedächtnis (LZG). Um das Gehirn vor einer Reizüberflutung zu bewahren, wird im sensorischen Speicher ein Großteil der Sinnesinformationen herausgefiltert und an den Arbeitsspeicher weitergeleitet. Hier werden die bis zu 7 Items erfasst und verarbeitet, besonders relevante Informationen werden über verschiedene Arbeitsprozesse in das Langzeitgedächtnis überführt.

Diese Prozesse verlaufen sowohl sequentiell als auch parallel. Ist die auditive Merkfähigkeit gestört, ist die optimale Filterung auf allen Ebenen nicht mehr gewährleistet. Es kommt zur Reizüberflutung. Dies führt dazu, dass Informationen auf den verschiedenen Ebenen ungehemmt weitergeleitet werden, so dass auch irrelevante Informationen verarbeitet werden müssen.

Da das auditive Gedächtnis ebenso wie die auditive Aufmerksamkeit basal für weitere Wahrnehmungsprozesse ist, kommt es zu einer schnelleren Überlastung und Erschöpfung der weiteren auditiven Verarbeitungsmechanismen und damit zu entsprechenden Fehlleistungen. Des Weiteren kann eine reduzierte Kapazität der Merk- und der damit verbundenen Lernfähigkeit dazu führen, dass bei gesprochener Sprache, längeren Sätzen und Texten die komplexen sprachlichen Strukturen nicht verarbeitet werden können. Die Sinnentnahme ist erschwert, große Teile einer Nachricht und/oder eines Inhaltes können nicht entnommen werden und sind somit dem Betroffenen nicht zugänglich.

Ist die Gedächtnisspanne reduziert, können nacheinander eintreffende Informationen nur unzureichend gespeichert, verarbeitet und abgerufen werden. Im Unterricht betrifft dies das Verarbeiten von Zahlen und Zahlenreihen, mehrsilbigen Wörtern und Sätzen, Klatschrhythmen usw. [BARTH1997]. Ein Großteil der Lese- und Rechenprozesse beruhen auf Gedächtnisleistungen, so dass es bei einer Beeinträchtigung auch zu Problemen bei Rechenoperationen und Lese- und Schreibtätigkeiten kommen kann. Davon kann sowohl der Erwerb wie auch die Beherrschung dieser elementarer Kulturtechniken betroffen sein. Ist das auditive, seriale Gedächtnis gestört, wird die Reihenfolge von Lauten anders wahrgenommen. Buchstaben- oder Zahlenfolgen werden beim Schreiben vertauscht, in der falschen Reihenfolge oder überhaupt nicht wahrgenommen. Statt „ihn“ schreibt ein Kind dann „inh“, oder „hin“, statt „Bein“ „Bien“ etc.

Ist das auditive Gedächtnis gestört, kann sich das folgendermaßen auswirken [BARTH 1997:92f.]:

- *Kinder können Reime, kleine Geschichten, Lieder, Verse und Farben oder das kleine Einmaleins nur schlecht behalten oder nacherzählen,*
- *sie können Sätze, bestehend aus sechs bis sieben Worten, nicht nachsprechen,*
- *sie können sich Zahlenreihen schlecht merken,*

- *sie sind im Kopfrechnen oft deutlich schlechter als im schriftlichen Rechnen, vor allem bei Aufgaben, wo mehrere Zwischenergebnisse behalten werden müssen,*
- *bei Diktaten kommt es oft zu wiederholtem Nachfragen oder Auslassen von Wörtern,*
- *sie verlieren oft auffallend rasch das Interesse, wenn Geschichten vorgelesen werden,*
- *sie können mehrere miteinander verbundene Handlungsaufträge nicht oder nur unvollständig ausführen,*
- *sie vergessen oft die Hausaufgaben ,*
- *bei Spielen wie z.B. "Kofferpacken" können sie sich schlecht die Reihenfolge der eingepackten Gegenstände merken.*

Gestörte Analyse-, Synthese- und Ergänzungsfähigkeit

Hierbei handelt es sich um die Fähigkeit, bewusst mit lautlichen Elementen umzugehen. Die Fähigkeit wird mit Schuleintritt und dem Erwerb der Leserechtschreibfähigkeit entwickelt. Wenn hier Schwächen vorliegen, fällt es dem Kind schwer, Laute aus einem Wort zu analysieren. Somit gelingen Syntheseprozesse nur unvollständig. Dies führt zu Schwierigkeiten im Lese-Rechtschreiberwerb, da diese Fähigkeiten vor allem zu Beginn des Lese-Rechtschreiblernprozesses wichtig sind [BARTH 1997, 1999]. Da Schüler der ersten Klasse keine wortspezifischen Kenntnisse haben, orientieren sie sich auf Analyse und Synthese von Graphem- und Lautstrukturen. So haben Untersuchungen belegt, dass die getreue Lautanalyse und –synthese beim Lesen und Schreiben vor allem in der ersten Klasse angewandt werden, bis sie in der zweiten Klasse durch die direkte Worterkennung (Silben, Morpheme) abgelöst wird [LANDERL, WIMMER 1994]. Im Verlauf der 2. Klasse findet dann ein Wechsel von auditiven zu visuellen Lesestrategien statt.

Das Lesen eines Wortes erfordert die Fähigkeit, seinen Lautbestand zu identifizieren und begleitend aneinanderreihend zusammenzufassen. Kinder mit einer unzureichend entwickelten Analyse- und Synthesefähigkeit haben damit Probleme, Laute aus Wörtern zu analysieren. Sowohl die Phonem-Graphem-Korrespondenz beim Schreiben, als auch die Graphem-Phonem-Korrespondenz beim Lesen kann nur unter Schwierigkeiten und gegebenenfalls nur unvollständig erworben werden. Damit haben sie z.B. Schwierigkeiten, einzelne Wörter in Lauten zu zerlegen und zu lokalisieren.

Das Niederschreiben von Gehörtem ist eine komplexe kognitive und analytische Leistung. Wörter müssen in ihre Einzellaute zerlegt und realisiert werden, den entsprechenden optischen Zeichen zugeordnet und des Weiteren in der richtigen Reihenfolge niedergeschrieben werden. Wird diese Fähigkeit nicht ausreichend entwickelt, werden beim Schreiben Buchstaben ausgelassen oder verwechselt. Aufgrund ungenügend ausgebildeter Analysefähigkeit bestehen Schwierigkeiten im Verständnis dafür, dass bestimmte optische Zeichen bestimmte Laute repräsentieren. Damit kommt auch der Syntheseprozess ins Stocken, da der Buchstabenfolge die Lautgestalt des Wortes nicht eindeutig zugeordnet werden kann.

Beim Lesen können die einzelnen Laute oder Silben nicht zu einem ganzen Wort zusammengezogen werden. Erschwert wird dies dadurch, dass den 46 Phonemen des Deutschen nur 26 Buchstaben gegenüberstehen. Da also ein Buchstabe für mehrere Lautvarianten eingesetzt wird und umgekehrt gleiche Laute unterschiedliche Grapheme haben, kommt es beim Schriftspracherwerb nicht nur auf die Fähigkeit des Kindes an, klangliche Unterschiede zu erkennen und unterscheiden zu können, sondern auch ein gutes visuelles Gedächtnis für Wortbilder aufzubauen [BREUER, WEUFFEN 2000]. Betroffene Kinder sind häufig nicht in der Lage, altersgerecht zu Lesen und zu Schreiben. Wenn das Kind gelesene Wörter extrem gedehnt wiedergibt und dabei ständig ins Stocken kommt, ist es in der Lage die Einzellaute innerhalb eines Wortes zu analysieren. Das Zusammenziehen der Einzellaute zu einem Ganzen erfordert höhere kognitive Leistungen und nimmt damit auch mehr Zeit in Anspruch. Ist die gesamte Konzentration und Aufmerksamkeit auf das Synthetisieren der Lautfolgen ausgerichtet, ist eine Sinnentnahme kaum noch möglich. Obwohl mit viel Übung, Auswendiglernen von Wortbildern eine spätere Lesefertigkeit entwickelt wird, kann eine Sinnentnahme nicht erfolgen.

7 Auditive Wahrnehmungsstörungen im schul-relevanten Kontext

Auditive Wahrnehmung bedeutet nicht „Hören-an-sich“, sondern akustische Reize in ihrem Kontext zu erkennen, zu verarbeiten und darauf angemessen zu reagieren. Der Wahrnehmungsprozess ist extrem kompliziert und komplex, an dem seriale, parallele und verteilte neuronale Netzwerke beteiligt sind [Ptok 2000]. Unter auditiver Wahrnehmung wird eine Vielzahl an verschiedenen Funktionen verstanden, deren reibungslose Funktion und Interaktion Voraussetzung für Sprachverstehen und Kommunikation, sowie Orientierung in Raum und Zeit darstellen.

Auditive Wahrnehmung hat maßgeblichen Einfluss auf die Entwicklung unseres Selbstverständnisses und Selbstkonzepts. Als erstes funktionsfähiges Sinnesorgan – neben der taktilen Wahrnehmung – stellt die auditive Wahrnehmung das Tor zu unserer Welt dar. Da das auditive System das letzte System ist, das seinen Dienst einstellt, wenn wir sterben, schließt es auch die Tür zu unserer Welt.

Hören heißt Zugang zu finden, Zugang zu unseren Mitmenschen, zu unseren Emotionen. Hören beeinflusst in hohem Maße Konzentration, Aufmerksamkeit und Lernen. Die Hörerfahrungen in den ersten sechs Monaten entscheiden darüber, für welche Sprachen wir offen sind und welche uns Zeit unseres Lebens verschlossen bleiben. Dasselbe gilt auch für die Sensibilität für andere Laute und Geräusche, für Instrumente, Vogelgezwitscher usw. Die Hörerfahrungen der ersten Lebensmonate entscheiden darüber, ob wir ein „Gehör haben“ für Musik, Emotionen und ähnliches. Das Gehör vermittelt uns ein Verständnis von Zeit und Rhythmus. Rhythmus wiederum bestimmt unser Sprach- und Körpergefühl, gibt uns Sicherheit, oder führt – bei fehlenden Ryhthmusgefühl – zu Verunsicherung.

Wenn Kinder in die Schule kommen, freuen sie sich in der Regel darauf. Es kommt einer Initialisierung in die Erwachsenenwelt gleich. Erwachsene können lesen, schreiben und rechnen, sie sind unabhängig und treffen Entscheidungen. In die Schule kommen heisst, eben jene Fähig- und Fertigkeiten zu erwerben, die die Erwachsenen auszeichnen [Barth 1997; Knörzer, Grass 2000]. Der Eintritt in die Schule ist für Kinder damit gleichbedeutend mit einem Zuwachs an Selbständigkeit, Leistungsfähigkeit und Kompetenz. Umso härter trifft es Kinder und Eltern, wenn der Lernzuwachs ausbleibt, wenn Schwierigkeiten beim Erwerb des Lesens und Rechtschreibens oder Rechnens auftreten. Und dies, obwohl nichts in der Vorschulzeit darauf hingedeutet hat, obwohl das Kind über eine ausreichende Intelligenz verfügt und es trotz intensiver Lernanstrengungen nicht gelingt, die Schwierigkeiten zu überwinden [BARTH 1997].

Die Schuleintrittsphase stellt damit eine sensible, oft auch entscheidende Phase in der Persönlichkeitsentwicklung dar [EINSIEDLER 1988]. Erfolg- und Misserfolgserlebnisse bestimmen über das Selbstkonzept, sie haben Einfluss auf das Selbstvertrauen und damit auch auf den Lern- und Leistungswillen und auf schulnahe Interessen. Hier spielen Lob, Bekräftigungen und Ermunterungen der Lehrpersonen und Eltern eine Rolle, sowie Vergleiche mit den Mitschülern, die die Umwelt trifft, wie auch das Schulkind selbst. Kommt es bereits in der Eingangsphase zu Schwierigkeiten und zu Misserfolgen, kommt es in der Regel zu Angst- und Versagensproblematik, dich sich in Selbstzweifeln äußern. Das Selbstvertrauen wird in Mitleidenschaft gezogen, der schulische Lern- und Leistungswille wird durch frühe Frustrationserlebnisse „im Keim“ erstickt, auch psychosomatische Symptome können auftreten.

7.1 Lernschwierigkeiten am Schulanfang

Ein Großteil der Schüler tritt in die Schule ein, ohne dass sich größere Probleme ergeben. Der Erwerb der Kulturtechniken Lesen, Schreiben und Rechnen verläuft plangemäß, der Lernwille und Eifer der Kinder ist groß. Allerdings gibt es auch Kinder, die wenige Tage, Wochen oder Monate nach Schulbeginn deutliche Veränderungen in ihrem Verhalten zeigen. Die Euphorie der ersten Tage ist verflogen. Es wird deutlich weniger von der Schule erzählt und auf Fragen der Eltern wird ausweichend reagiert. Die Kinder wirken unausgeglichen, schlafen eventuell unruhig, ziehen sich zurück oder suchen vermehrt Streit mit Klassenkameraden oder Geschwistern. Meist sind diese Veränderungen im Verhalten des Kindes auf Schulschwierigkeiten zurückzuführen, die am Schulanfang auch keine Seltenheit sind. TIETZE und ROSSBACH (1993) berichten, dass bis zum Ende des 4. Schuljahrs jeder fünfte Schüler einmal zurückgestellt, die Klasse wiederholen oder in eine Förderschule überwiesen werden musste, und dass 7% dieser Schüler als nicht schulfähig gelten. BREUER und WEUFFEN (2000) haben in zwei Untersuchungen ermittelt, dass zwischen 14% und 26% Schüler aller Schüler von Lernschwierigkeiten betroffen sind, wobei das Geschlechterverhältnis von Jungen zu Mädchen in etwa 2:1 beträgt. Nach Untersuchungen von HEUBROCK und PETERMANN (2000), sowie KLICPERA (2003), liegt der

Prozentsatz von Schülern mit Lese-Rechtschreibschwierigkeiten zwischen 8-15 % aller Kinder.

Bei einem Teil dieser Schüler können die Rückstände dank intensiver Bemühungen der Lehrer und Eltern überwunden werden. Dennoch ist der Anteil der Kinder beträchtlich hoch, bei denen diese Anstrengungen keine Wirkung zeigen. Die Leistungsmängel im Lesen, Schreiben und/oder Rechnen bleiben bestehen, so dass es sich nicht um vorübergehende Erscheinungen handelt, sondern um lang andauernde Schwierigkeiten. BREUER und WEUFFEN (2000) gehen von 15-20% aller Schüler mit Störungen im Lese-Rechtschreib-Erwerb aus, wobei bei 4-6% der Schüler mit einer dauerhaften Störung gerechnet werden muss [BARTH 1997; ESSER 1991; ESSER, SCHMIDT 1993; KLICPERA, GASTEIGER-KLICPERA 1995]. Etwa 6% aller Kinder weisen eine permanente Rechenschwäche/Dyskalkulie auf [LORENZ 1993], transkulturell sind etwa 10-15% aller Kinder von behandlungsbedürftigen Lernstörungen betroffen [GADDES 1991]. Diese Schwierigkeiten beeinträchtigen auch immer die Persönlichkeitsentwicklung des Schülers. Des Weiteren ziehen die andauernden Frustrationserlebnisse emotionale und soziale Folgestörungen nach sich.

Die Schwierigkeiten werden von Kindern, aber auch von Eltern, als Schock erlebt. Sie führen zu Verwirrung und zu zwiespältigen Gefühlen. Da die Schwierigkeiten meist nicht absehbar waren und es trotz Anstrengungen nicht gelingt, die Rückstände zu beseitigen und kaum Lernzuwachs zu verzeichnen ist, besteht die Gefahr, dass die schlechten Leistungen auf den Trotz der Kinder zurückgeführt werden und als Ungehorsam und opponierendes Verhalten gedeutet werden. Das tiefe Missverständnis kann zu Äußerungen wie „Du musst dich mehr anstrengen…“, „Du könntest, wenn du nur wolltest…“, „Stell dich nicht so an…“ führen. Dies wiederum zieht Beziehungsprobleme nach sich. Sukzessive kommt es zu einer nachhaltigen Verschlechterung des emotionalen Klimas und damit zur zusätzlichen Erschwerung der Lernprobleme. Die Kinder wiederum leiden unter ihren Schwächen. Sie haben Angst, ihre Eltern zu enttäuschen und vor ihren Mitschülern als Versager oder als dumm dazustehen. Es entwickeln sich Selbstzweifel, wodurch das Selbstbewusstsein einbrechen kann.

Die große Gefahr von Lernschwierigkeiten am Schulanfang beruht auf ihrem zeitlichen Ausmaß. Kinder, die sich bereits am Anfang ihrer Schulkarriere mit Lernschwierigkeiten konfrontiert sehen, geraten durch permanente Frustrationserlebnisse und die sich hochschaukelnden Schwierigkeiten in einen Teufelskreis von Schulschwierigkeiten, Schulunlust, Aggressionen und Rückzug [KNÖRZER, GRASS 2000]. Betroffene Schüler ziehen sich entweder auf eine resignierende und unsichere Position zurück, oder gehen den Schritt nach vorne und fallen durch aggressives Verhalten oder als Klassenclown auf [BARTH 1997]. Meist ergibt sich daraus eine soziale Isolierung, was ein Übriges zum bereits angeschlagenen Selbstwertgefühl tut und auch zu Schulangst führen kann. Während sich nur etwa 8% der Kinder verbessern, halten etwa 70% ihren Leistungsstand und bei etwa 25% der Schüler verschlechtern sich die Leistungen in den Grundlagenfächern [BREUER und WEUFFEN 2000].

7.2 Lern- und Entwicklungsstörungen als Teilleistungsstörungen

Eine Teilleistungsstörung liegt vor, wenn sich Kinder trotz ausreichender Beschulung und mit durchschnittlicher Intelligenz dauerhaft im unteren Leistungsbereich befinden. Diese Kinder werden in der Schule also normal gefördert. Um Teilleistungsstörungen zu diagnostizieren, dürfen keine Sinnesschäden vorliegen, ebenso wenig wie neurologische oder psychiatrische Störungen. Dies schließt aus, dass Kinder an Schulangst, Angst vor dem Lehrer oder Depressionen leiden. Teilleistungsstörungen, zu denen u.a. auch die Legasthenie gehört, behindern die Schulausbildung oder die alltäglichen Fähigkeiten insofern, wenn Schreib- und Lesefähigkeiten gefordert sind [SCHULTE-KÖRNE, REMSCHMIDT, 2003].

Diese Lern- und Entwicklungsstörungen beruhen auf Defiziten in der Wahrnehmungs-, bzw. cerebral bedingten Informationsverarbeitungsstörungen [ESSER 1991, BARTH 1997]. Diese Lern- und Entwicklungsstörungen wirken sich immer auch auf die Gesamtentwicklung der Kinder aus, in Form von Schulleistungsstörungen, emotionalen und sozialen Anpassungsproblemen.

Solche Teilleistungsstörungen betreffen [ESSER 1991]:

- einfache Artikulationsstörungen
- expressive und rezeptive Sprachstörungen
- Störungen des Lesens und Rechtschreibens
- Rechenstörungen
- Entwicklungsstörungen der motorischen Funktionen

Während ESSER (1991) unter Teilleistungsstörung mögliche Folgen von Wahrnehmungs.- bzw. cerebral bedingten Informationsstörungen auflistet, lassen sich Teilleistungsschwächen nach BUSCH und WAUGH (1971) zitiert nach SCHYDLO (1994:151) folgendermaßen einordnen:

- *gestörte Prozesse der sensorischen Orientierung:*
  - *Aufmerksamkeit*
  - *auditiv-visuelle Integration*
  - *Übererregbarkeit*
  - *auditiv-visuell-haptische Koordination*
  - *auditive Diskrimination*
  - *usw.*
- *gestörte Prozesse des Behaltens; dazu lassen sich folgende Schwächen zuordnen:*
  - *auditive Kurzzeitgedächtnis, Langzeitgedächtnis*
  - *visuelles Kurzzeitgedächtnis, Langzeitgedächtnis*
- *gestörte Prozesse der Informationsaufnahme:*
  - *Leseverständnis*
  - *mathematisches Verständnis*
  - *Verständnis für Gehörtes*
  - *auditive Gestaltauffassung*
  - *soziales Verständnis*
  - *visuelle Figur-Grund-Differenzierung*
  - *visuelle Gestalterfassung*
- *gestörte Prozesse der Integration:*
  - *Geschwindigkeit bei auditiver Wahrnehmung*
  - *visuelle Vorstellung*
  - *Lautsynthese*
  - *Überwachen*
  - *Geschwindigkeit der visuellen Wahrnehmung*
  - *Vorhersage*
- *gestörte Prozesse des Ausdrucks*
  - *Schreiben*
  - *Zählen*
  - *Sprechen*

- *Affektäußerungen*
- *Gestik*

Wichtig ist der Hinweis bei der Diagnose einer Teilleistungsstörungen, dass ein Missverhältnis zwischen Intelligenz und zu erwartender Lernleistung besteht, dass keine Sinnesschädigung vorhanden ist, d.h. es darf weder eine Lernbehinderung, geistige Behinderung, Seh- oder Höreinschränkung vorhanden sein, noch darf die eingeschränkte Leistung auf neurologische Erkrankung zurückzuführen sein. Statt, bzw. ergänzend werden zum Begriff der Teilleistungsstörungen in der Literatur auch Begriffe wie „sensorische Integrationsstörungen" oder „Wahrnehmungsstörungen" genannt, um das komplexe Zusammenspiel der verschiedenen Sinnessysteme und Hirnregionen besonders hervorzuheben.

7.3 Teilleistungsstörungen als Folge auditiver Wahrnehmungsstörungen

Auditive Wahrnehmungsstörungen bedingen oben genannte Teilleistungsstörungen. Die Anzahl der Kinder, die mit Verdacht auf auditive Wahrnehmungsstörungen einem Arzt, Psychologen oder Therapeuten vorgestellt werden, hat sich in den letzten Jahren deutlich gesteigert.

Auditive Wahrnehmungsstörungen können zu einem verminderten Sprachverstehen unter Störschallbedingungen führen, vor allem unter dem Aspekt des durchschnittlichen Störschalls in Klassenzimmern. Auditive Wahrnehmungsstörungen können ebenso kausal für Einschränkungen der Aufmerksamkeitsspanne, von Lese-Rechtschreibproblemen, Sprachentwicklungsstörungen, Leistungsverweigerung und Schulversagen herangezogen werden [HESS, 2001]. Sprachverständnisschwierigkeiten äußern sich häufig darin, dass Schüler Probleme haben, mündlichen Anweisungen zu folgen und schnelle oder undeutliche Sprache zu verstehen [JERGER, MUSIEK, 2000].

7.3.1 Mitarbeit und Verhalten

Die Hauptfunktion der auditiven Wahrnehmung dient dem Verstehen der menschlichen Sprache. Um Sprache verstehen zu können, bedarf es komplexer auditiver Mechanismen, die die Feinheiten der Sprache analysieren, diese zu einem kohärenten Gesamteindruck zusammenzusetzen und somit ermöglichen, das Gesagte zu verstehen und angemessen darauf zu reagieren. Allgemein gilt, je komplexer eine Maschine, desto störanfälliger wird sie. Fällt ein Zahnrad an einer Stelle aus, gerät der gesamte Mechanismus ins Stocken und ein reibungsloses Funktionieren ist nicht mehr garantiert. Meist ist es sehr schwer, die beschädigte Stelle zu finden und diese angemessen zu reparieren. Fällt eine Funktion der auditiven Wahrnehmung durch Störungen auf, kann dies unterschiedliche Folgen haben. In erster Linie ist davon das Sprachverstehen betroffen. Um Sprache verstehen zu können, muss die Satzmelodie und der Rhythmus erkannt werden, die Schallquelle genau lokalisiert werden, um die Aufmerksamkeit zu richten, der Hintergrund ausgeblendet werden. Das Gesagte muss lexikalisch geprüft, mit vorhandenem abgeglichen werden, usw. Ist der Schüler in einer dieser Aufgaben aufgrund einer Störung überfordert, ist das Verstehen nicht mehr garantiert. Während noch im Kindergarten noch viele Ausgleichsstrategien eingesetzt werden konnten, um mündlichen Anweisungen zu folgen, ist das im schulischen Rahmen nur noch eingeschränkt möglich. Das eingeschränkte Sprachverstehen kann dazu führen, dass der Schüler ständig bei seinen Mitschülern nachfragt, was gesagt wurde, ob er richtig verstanden hat, oder nachfragt, was der Lehrer gesagt hat. Dies führt zu Unruhe und Unterrichtsstörungen, da der Schüler seine Mitschüler ständig auf Trab hält und diese nicht zum Arbeiten kommen lässt. Durch das Nachfragen kann allgemeines Tuscheln entstehen, vor allem auch dann, wenn in der Klasse mit 30 Schüler drei oder vier Schüler sitzen, die aufgrund reduzierten Sprachverstehens ständig Mitschüler nach dem fragen, was der Lehrer gesagt hat.

Bei Schülern mit auditiven Wahrnehmungsstörungen muss davon ausgegangen werden, dass sie nicht alles verstehen, was im Unterricht geschieht. Das kann am Sprachverstehen liegen, an einem gestörten Richtungsgehör, oder auch am auditiven Gedächtnis. Ist das auditive Gedächtnis eingeschränkt, kann nicht alles, was gesagt wurde, behalten und damit verarbeitet werden. Entsprechend fällt es Kindern schwer, mehrere miteinander verbundene Handlungsaufträge ganz oder auch nur teilweise auszuführen. Wenn die Anweisung des Lehrers beispielsweise lautet: „Jetzt holt die Hefte mit dem blauen Einband aus dem Ranzen, damit wir das Schreiben üben, legt die Rechenhefte zurück, schließt die Mäppchen und behaltet einen Bleistift zum Schreiben..." ist der Schüler schlichtweg überfordert. Dann wird das blaue Heft rausgeholt, und der Rest wird aufgrund der verkürzten Gedächtnisspanne vergessen.

Auch die mündliche Mitarbeit kann darunter in verschiedener Weise leiden. Da die Schüler nicht alles mitbekommen, kann dem Unterricht nicht permanent gefolgt werden. Die Sinnentnahme erfolgt nur unvollständig.

KEPPNER (1994) unterteilt das Verhalten von Kindern mit auditiven Wahrnehmungsstörungen in zwei Gruppen:

a) Schüler, die ihr Heil im Angriff suchen und häufig Störungen verursachen, wobei sie sehr aggressiv sind.
b) Schüler, die sich in sich zurückziehen, im Unterricht sehr zurückhaltend sind, und dazu neigen, „abzutauchen".

Damit diese Kinder dem Unterricht folgen können, muss im Vergleich zu Mitschülern viel mehr Aufmerksamkeit und Konzentration aufgewandt werden, der Schüler muss ständig seine „Ohren spitzen" um dem Sprecher, sei es der Lehrer oder Mitschüler, zu folgen. Das hat zur Folge, dass die Konzentration und die Aufmerksamkeit schnell nachlässt, sich der Schüler zurückzieht und während großer Teilen des Unterrichts nicht ansprechbar ist. Der Schüler ist gezwungen, seine Kräfte zu regenerieren. Der Lehrer bekommt den Eindruck, der Schüler höre nicht zu, dass man „gegen eine Wand" redet. Betroffene Schüler sind entsprechend leicht ablenkbar, ständig müssen sie ermahnt werden, am Unterricht teilzunehmen und aufzupassen.

Da Schüler mit einer auditiven Wahrnehmungsstörungen auch oft unter einem beeinträchtigten Lautheitsempfinden leiden, erscheinen ihnen die Umgebungsgeräusche als viel zu laut. Das Tuscheln von Schülern, das Rascheln der Bücher und Hefte, das Hin- und Hergerutsche mit den Stühlen, Geräusche, die vom Flur oder von draußen ständig auf sie eindrängen, wird nicht nur als störend, sondern als schmerzhaft wahrgenommen. Kinder, die ein gestörtes Lautheitsempfinden haben, haben häufig auch ein Problem, die eigene Sprechlautstärke zu regulieren. Sie sprechen entweder zu leise, da die eigene Stimme als ausreichend laut wahrgenommen wird, oder zu laut, weil sie das Gefühl haben, dass jeder in dieser lauten Sprache spricht. Häufig beklagen sich diese Kinder über den Lärm, stehen unvermittelt auf und brüllen Ruhe, oder mahnen die Mitschüler ständig, leiser zu sein, obwohl es im Klassenzimmer ruhig genug ist. Dass sie mit ihrem Lärm selbst am meisten zu einer erhöhten Lärmumgebung beitragen, ist ihnen weder bewusst noch nachvollziehbar.

Weitere Mitarbeits- und Verhaltensauffälligkeiten, die aufgrund reduzierten Sprachverstehens, verkürzter Hör-Gedächtnisspanne, mangelndem Selektionsvermögen auftreten können, sind [BARTH 1997, WURM-DINSE 1994, SYCHYDLO 1994, NIKISCH 2000]:

- Der Schüler zeigt unüberlegtes Handeln,
- Der Schüler gibt Antworten auf nicht direkt gestellte Fragen,
- Der Schüler wechselt plötzlich seine Beschäftigung,
- Der Schüler redet dazwischen, oder stellt stereotype Fragen.

7.3.2 Reduziertes Selektionsvermögen/Störschall-Nutzschall

In Klassenräumen herrscht durchschnittlich ein Hintergrundlärm von 50dB bei 65dB Lehrerstimme [BARTH 1997, NICKISCH 2003], bzw. zwischen 65-76dB (!) nach MOODLEY (1989) und HARTUNG (1983). Aus diesem hohen Geräuschpegel muss der Schüler die Stimme des Lehrers, bzw. der Mitschüler herausfiltern und gleichzeitig alle störenden Nebengeräusche unterdrücken. Dazu muss der Nutzschall und Störschall als solcher identifiziert und in eine Hierarchie gesetzt werden. Hier spielt die auditive Aufmerksamkeit eine wichtige Rolle, die ständig präattentiv (also dem bewußten Wahrnehmen vorgeschaltet) eine Unterscheidung zwischen nützlichen und störenden Signalen vornehmen muss, des weiteren muss das Richtungshören einwandfrei funktionieren, damit der Kopf über die Lokalisation richtig zugewendet und bei Bewegung gefolgt werden kann.

Ist das Selektionsvermögen eines Schülers beeinträchtigt, äußert sich dies vor allem darin, dass der Schüler große Probleme hat, Anweisungen zu verstehen und zu folgen, wenn eine laute und komplexe Geräuschkulisse herrscht, wenn die Sozialform, bzw. Arbeitsform im Stuhlkreis stattfindet, oder wenn Handlungsanweisungen gegeben werden, und dadurch zusätzliche Unruhe entsteht. Vor allem in einer weiten oder hallenden Umgebung kommt es zu massiven Verstehensproblemen. In der Natur, in Turnhallen oder Museen ist das Sprachverstehen kaum noch möglich. In Sporthallen orientieren sich diese Schüler fast ausschließlich an Mitschülern und oder kleben direkt an den Lehrern. In Museen wirken diese Kinder desinteressiert und lustlos, sie beschäftigen sich mit anderen Dingen, und lassen sich nur schwer motivieren, weil sie die Informationen, die ihnen mitgeteilt werden, nur fragmentarisch mitbekommen.

Häufig beklagen sich diese Kinder massiv darüber, wenn durcheinander gesprochen wird. Sie wirken gerade in Gruppensituationen sehr gereizt und ziehen sich auffällig schnell aus der Gruppensituation zurück. Oft halten sie sich die Ohren zu, wenn der Geräuschpegel ansteigt. Des Weiteren fragen sie häufig bei ihren Mitschülern nach und lenken diese vom Arbeiten ab. Dem gegenüber zeigt sich ein auffallend verbessertes Sprachverstehen, bessere Mitarbeit und besseres Arbeitsverhalten, wenn sie in Kleingruppen oder alleine arbeiten.

7.3.3 Motivation, Konzentration und Aufmerksamkeit

In Klassenzimmern herrschen komplexe Geräuschkulissen. Der Hintergrundslärm beträgt je nach Autor zwischen 50-76dB. Diese Geräuschkulisse ergibt sich beispielsweise aus Stühlerücken, Hantieren mit Büchern, Schülergesprächen, Rascheln von Büchern, Straßenverkehr oder Lärm von draußen, die Geräuschkulissen aus angrenzenden Klassenzimmern, Schritte vom Flur, usw. Dazu kommen die meist akustisch ungünstigen Eigenschaften der Zimmer, wie große Fenster- und Wandflächen, die den Schall nachhallen lassen und wenig Pflanzen oder Vorhänge, die hohe Frequenzen herausfiltern. Selbst für Schüler ohne auditive Wahrnehmungsstörungen, ohne phonematische Differenzierungsschwächen, eingeschränktem Selektionsvermögen, ohne verkürztem auditivem Gedächtnis usw. sind dies ungünstige Rahmenbedingungen. Schüler, die eben Defizite in diesen Bereichen haben, müssen eine erhöhte Aufmerksamkeit an den Tag legen, um den Unterricht adäquat folgen zu können. Da es unmöglich ist, diese erhöhte Aufmerksamkeit und Konzentration über den ganzen Unterrichtstag hinweg aufrechterhalten, gibt es immer wieder Phasen, in denen der Unterricht für den Schüler nicht zugänglich ist. Ein anderes Kennzeichen ist, dass der Schüler nur am frühen Vormittag den Unterricht folgt und im weiteren fortschreitenden Verlauf dessen Konzentration mehr und mehr abnimmt. Der Schüler fängt wegen seiner Überforderung an, sich selber abzulenken und wird damit auch schnell unruhig.

Allgemein äußern sich auditive Wahrnehmungsstörungen im Unterricht so, dass der Schüler mit allem Probleme hat, was auf rein verbalen Äußerungen beruht. Das betrifft Anweisungen, das Geben von Informationen über den rein auditiven Kanal, ebenso wie bei Vorgelesenem. Ob die auditiven Wahrnehmungsstörungen sich singulär als reduziertes Sprachverstehen, verkürztes Hörgedächtnis, Unsicherheit bei der Geräuschlokalisation, gestörtes Selektionsvermögen, oder als Kombination auftreten, wirken sie sich nicht nur ungünstig auf die Konzentration und Aufmerksamkeit, sondern in Folge auch negativ auf die Motivation aus. Schüler, die auf Dauer nie alles mitbekommen, bei denen alles Akustische verschwimmt und als Einheitsbrei wahrgenommen wird, haben infolge dessen Schwierigkeiten, dem Unterricht zu folgen. Da dem Unterricht auf Dauer nicht gefolgt werden kann, neigen diese Schüler dazu, sich selber schneller abzulenken, mit Stiften und Mäppchen zu spielen. Sie wirken dadurch sehr unruhig und müssen häufiger ermahnt werden. Dazu kommt, dass diese Schüler sehr leicht durch Geräusche abgelenkt werden. Vom Lehrer wird häufiger die Beobachtung angestellt, das diese Kinder im Vergleich zu ihren Mitschüler mit fortschreitender Dauer des Unterrichtsverlaufs auch schneller ihre Motivation verlieren (evtl. sogar dauerhaft). Dies macht sich vor allem im Unterricht bemerkbar, wenn dieser sehr im auditiven Bereich stattfindet, wenn also der Schüler sehr auf eine gute auditive Wahrnehmung angewiesen ist, um diesen Folgen zu können. Dies betrifft diese Kinder vor allem dann, wenn verbale Aufgaben bearbeitet werden müssen, hier ist kaum Ausdauer vorhanden. Das Konzentrationsvermögen bei verbal gestellten Aufgaben ist sehr gering. Ebenso zeigen Schüler mit Störungen der auditiven Wahrnehmung ein auffallend geringes Interesse an allem Vorgelesenen. Zudem bestehen Schwierigkeiten, wenn Reihenfolgen und Regeln (beispielsweise im Mathematikunterricht) behalten werden müssen.

7.3.4 Auditives Gedächtnis

Das auditive Gedächtnis ist dafür verantwortlich, das seriale Muster, also nacheinander eintreffende Informationen, verarbeitet werden können. Im auditiven Kurzzeitgedächtnis werden die eintreffenden Informationen in der richtigen Reihenfolge verarbeitet, durch verschiedene Arbeitsprozesse gespeichert und ins Langzeitgedächtnis überführt, mit Vorhandenem verglichen. Das auditive Gedächtnis hat fundamentale Bedeutung für den Lese-Rechtschreib-Erwerb, ebenso für die Durchführung von Rechenoperationen (inbesondere Kopfrechnen) [BARTH 1997, PLATH 1994, SCHULTE-KÖRNE 2001, WURM-DINSE 1994].

Hat ein Kind eine Störung seines auditiven Gedächtnisses, hat es Probleme, akustische Reize und Informationen zu verarbeiten, dies gilt für Rechenoperationen, fürs Schreiben und Lesen, für verbale Arbeitsanweisungen und das Mitteilen von Informationen. Kinder, die eine Schwäche des auditiven Gedächtnisses haben, verlieren sehr schnell das Interesse am Vorgelesenen, sei es noch so spannend, witzig oder traurig. Sie sind schlicht überfordert, dem Gesamtverlauf einer längeren Geschichte zu folgen. Die Konzentration, die notwendig ist, um dieses Defizit auszugleichen, kann nicht lange genug aufrechterhalten werden.

Dies äußert sich auch im Lernverhalten. Neben den Problemen, das es im Schriftspracherwerb dadurch bekommt, hat das Kind Probleme, Kurzgeschichten, Reime, Lieder und Verse auswendig zu lernen und wiederzugeben, sowie Klatschrhythmen nachzuklatschen. Dies gilt für alles, was das Gedächtnis betrifft, für Zahlenreihen, Handlungsaufträge, Spiele, bei denen Sachen z.B. in der richtigen Reihenfolge wiederholt werden müssen, bzw. die stark vom Kurzzeitgedächtnis abhängig sind (Spiele wie „Kofferpacken“, später Gesellschaftspiele wie „Tabu), oder auch bei Liedern, bei denen sich der Text ändert, indem Laute weggelassen oder umgeändert werden, wie „Auf der Mauer, auf der Lauer sitzt `ne kleine Wanze“.

Vor allem auch das Diktat, das mehr Anforderungen an Gedächtnisleistungen als an Rechtschreibstrategien stellt, zeigt die Probleme von Kindern mit Einschränkungen dieser speziellen Merkfähigkeit auf: Wörter werden ausgelassen, nicht zu Ende geschrieben oder durch „Willkürwörter“ ersetzt.[SCHULTE-KÖRNE 2001]

Im Mathematikunterricht zeigt sich, dass der Schüler Probleme mit allem hat, was mit Kopfrechnen zu tun hat. Im schriftlichen Rechnen, bei dem Zwischenschritte notiert werden können, zeigen sich bei entsprechend gleichem Anspruchsniveau deutlich bessere Leistungen [FISCHER 2003].

7.3.5 Lern- und Leistungsvermögen

Schüler mit auditiven Wahrnehmungssproblemen haben meist Probleme mit dem Verrichten kleinerer und banal erscheinender Tätigkeiten. Sie wirken etwas begriffsstutzig. Alles muss mehrfach erklärt werden. Meist ist dies in der Gruppe unmöglich. Wenn Spiele oder Handlungsanweisungen erklärt werden, muss man dies beim Schüler im Einzelgespräch tun. Bei Aufgaben, Anforderungen und Spielen, die ein gutes Gedächtnis erfordern, wirken diese Schüler heillos überfordert. Gerade bei Spielen wie „Kofferpacken“ kann weder die Reihenfolge, noch die verschiedenen Gegenstände gemerkt oder wiedergegeben werden. Beim Singen von Liedern sind sie ständig aus dem Takt, das Mitklatschen im Rhythmus funktioniert nicht. Beim Kanonsingen vergessen sie den Text, oder verlieren den Anschluss.

7.3.6 Rechtschreib- und Leseleistung

Voraussetzung für den Erwerb der Schriftsprache ist das Bewusstsein der Schüler darüber, dass sich Wörter aus verschiedenen Lauten zusammensetzen, die in einer begrenzten Anzahl vorkommen und dass sich aus diesen Lauten alle Wörter der jeweiligen Sprache zusammensetzen. Diesen Lauten können bestimmte graphische Zeichen, also Grapheme zugeordnet werden. Beim Schriftspracherwerb geht es darum, Einsichten in diesen lautlichen Aufbau der Schriftsprache zu gewinnen und die Zuordnungsregeln für die jeweiligen Phonem-Graphem-Korrespondenzen beim Schreiben, und umgekehrt beim Lesen die jeweiligen Graphem-Phonem-Korrespondenzen zu erwerben. Diese analytische Auseinandersetzung mit Sprache, deren Eigenheiten und Regelhaftigkeiten wird Phonologische Bewusstheit genannt. Phonologische Bewusstheit ist also die bewußte Auseinandersetzung mit den formalen Aspekten gesprochener Sprache.

Phonologische Bewusstheit gilt als Voraussetzung für einen ungestörten Erwerb der Schriftsprache. Dabei können zwei verschiedene Arten von Phonologischer Bewusstheit differenziert werden, und zwar im engeren und im weiteren Sinne. Im engeren Sinne [KÜSPERT 1998] kann man diese als bewußten Umgang mit den kleinsten lautlichen Einheiten – Phonemen – gesprochener Sprache bezeichnen. Es geht um die bewußte Wahrnehmung von Lautgrenzen, von einzelnen Lauten im Wort, wie auch *„um die Zuordnung von Lauten zu Mundstellungen“* [ROSENKÖTTER 2003:150]. Die Wahrnehmung von gröberen sprachlichen Einheiten, z.B. von Wörtern als Teile eines Satzes, oder von Silben als Teile eines Wortes, aber auch das Erkennen von Reimen, wird als Phonologische Bewusstheit im weiteren Sinne verstanden. Phonologische Bewusstheit gilt als Teil der auditiven Wahrnehmung, die sich dem Schüler meist ohne bewußte Anleitung mit dem Schriftspracherwerb erschließt.

Schulanfänger stützen sich zu Beginn ihrer Lese-Schreibentwicklung, in Ermangelung wortspezifischer Kenntnisse, beim Lesen und Rechtschreiben auf die Synthese, bzw. Analyse von Graphem- bzw. Lautstrukturen. Bei der Rechtschreibung orientieren sie sich über längere Zeit in erster Linie an der Phonemfolge des Lautstromes eines Wortes, das sie entsprechend ihres Wissens um die Buchstaben – Laut – Verknüpfungen verschriftlichen.

Beim Lesen –und Schreibenlernen muss vom Schüler die schwierige Aufgabe bewältigt werden, den Lautstrom unserer Sprache als eine Sequenz von minimalen kombinierbaren phonetischen Einheiten zu analysieren und zu synthetisieren. Dies erfordert hochkomplexe Sprachwahrnehmungs- und –verarbeitungsprozesse, bzw. eine gut funktionierende auditive Wahrnehmung.

Die Aufgaben, die bewältigt werden müssen, um Sprachlaute nach gleich - ungleich, schneller – langsamer, höher – tiefer usw. unterscheiden zu können, sind vielfältig. Vor allem sind daran die Lautdifferenzierung, Selektion, Richtung, Zeitauflösung, auditive Gedächtnisspanne, auditive-visuelle Integration, Lautheitsempfinden, auditive Aufmerksamkeit, Wahrnehmung emotionaler Inhalte beteiligt, die sowohl isoliert als Teilfunktion, als auch integriert zu einem Klangerlebnis werden müssen:

Gesprochene Sprache muss als akustische Klanggestalten vom Hintergrund abgehoben werden. Um diese Selektion akustischer Strukturen durchführen zu können, muss die Schallquelle eindeutig identifiziert werden, um den Kopf entsprechend der Schallquelle zu drehen und die Aufmerksamkeit zu fokussieren. Der wahrgenommene Sprachstrom muss zeitlich aufgelöst werden, d.h. der gesamte Sprachstrom, der an uns vorbei fließt und uns umgibt, muss in seine Spracheinheiten zerlegt und zergliedert werden. Aus dem ganzen Schwall von Sprachklängen müssen Satz- oder Wortgrenzen herausgehört werden [BREITENBACH 2005]. GRAICHEN (1988) verwendet hierfür den Begriff der Segmentierung. Beim Schriftspracherwerb muss dieser Prozess auf Wortebene ausgeführt werden. Es bildet sich die Fähigkeit zur Lautanalyse aus, Wörter werden in ihre lautlichen Einheiten zerlegt und ihrer Reihenfolge analysiert. Voraussetzung hierfür ist das Sequenzgedächtnis, in der die Elemente in ihrer Reihenfolge gespeichert werden. Dies beschränkt sich nicht nur auf Einzelelemente, sondern umfasst auch größere Einheiten, die bei Bedarf sofort abgerufen werden können. Durch diesen Prozeß wird ein hoher Grad an Automatisierung erreicht, der die Sprachverarbeitung in der notwendigerweise hohen Geschwindigkeit ablaufen lässt und unsere Aufmerksamkeit entlastet. Ist das seriale Gedächtnis gestört, kann es als Folge zum so genannten Echo-Problem kommen. So wird der Auslaut eines Wortes unbewußt als Anlaut für das Folgewort, oder dasselbe Wort, übernommen.

Bei auditiven Wahrnehmungsstörungen fällt beim Erstlese- und Schreibunterricht auf, dass diese Kinder Probleme haben, den Graphemen die entsprechenden Laute zuzuordnen. Besonders störanfällig sind die Buchstaben *b* und *d,* oder die Buchstaben *o* und *u.* Die Schwierigkeit im richtigen Erkennen dieser Laute ist, dass sie sich nicht nur visuell ähneln, sondern auch phonologisch ähnliche Laute abbilden. Die Vermutung, dass die Verwechselung dieser Buchstaben einer visuellen Differenzierungsschwäche zu Grunde liegt, konnte widerlegt werden. So werden beispielsweise die Buchstaben *n* und *u,* oder *w* und *m* trotz großer grafischer Übereinstimmung nicht miteinander verwechselt. Offensichtlich sind die phonologischen Eigenschaften des entsprechenden Buchstaben der ausschlaggebenden Faktor. Dies zeigt sich dann, wenn Kinder nach Gehör (später beim Diktatschreiben) ähnlich klingende Laute miteinander verstärkt verwechseln. Durch die Unsicherheiten in der auditiven Wahrnehmungsverarbeitung kommt es dazu, dass Buchstaben ausgelassen, vertauscht oder durch zusätzliche Buchstaben eingefügt werden.

Kindern mit auditiven Wahrnehmungsstörungen fällt es sichtlich schwer, Wörter zu segmentieren, also in ihre lautlichen Einheiten zu zerlegen. Davon ist entsprechend das lautorientierte Schreiben betroffen. Besonders Buchstabenfolgen, von zwei oder mehrerer Konsonanten, bereiten Schwierigkeiten, so z.B. die Lautfolgen *str-*, *br-* oder *kl-*. Entsprechend fällt es diesen Kindern auch schwer, die durch Buchstaben abgebildeten Laute sequentiell zusammenhängend wiederzugeben, also eine Lautsynthese durchzuführen. Unsicherheiten zeigen sich auch darin, dass Schüler Reime und klangähnliche Wörter miteinander verwechseln.

Kinder, die auditive Wahrnehmungsstörungen und einen verzögerten Schriftspracherwerb haben, zeichnen sich häufig durch einen eingeschränkten aktiven und passiven Wortschatz aus und haben Probleme, den Sinngehalt von Gesagtem zu erfassen [BREUER, WEUFFEN 2000]. Des Weiteren haben sie Probleme, sich sprachlich angemessen auszudrücken.

7.3.7 Emotionalität

Der Großteil unserer emotionalen Befindlichkeit, unserer Stimmungen, Gefühle und Launen transportieren wird über unserer Sprache, Mimik und Gestik. Selten ist allerdings der Inhalt des Gesagten der Stimmungsträger. Dass unsere „Stimmung“ von Sprache abhängig ist, zeigt schon das Wort. „Stimmung“ kommt von „Stimme“. Wie schwierig es ist, Gefühle richtig zu deuten, wissen wir seit SCHULZ VON THUN, der auf die vier Ebenen einer Botschaft hingewiesen hat, die von den „vier Ohren des Empfängers“ richtig gedeutet werden müssen, damit es nicht zu Konflikten kommt.

Um den Inhalt von stimmlichen Gefühlsäußerungen richtig deuten zu können, muss das Gesagte hinsichtlich seiner Rhythmik und seiner intonatorisch-melodischen Eigenschaften differenziert wahrgenommen werden. Wo liegen die Betonungen, Tonunterschiede, werden Wörter stärker oder schwächer als normal geäußert, wie ist die Melodie des Satzes? Wo sind Pausen, wie wird das Gesagte strukturiert. Kinder, die Probleme haben, feine rhythmische und melodische Unterschiede der Sprache herauszuhören, haben meist auch Probleme, Gefühlsäußerungen einzuordnen und den Gehalt des Gesagten richtig einzuschätzen. Subtile Stimmungsveränderungen, die auf Angst, Wut, Freude oder Gelassenheit hindeuten, die von den Schulkameraden richtig eingeschätzt werden können, werden nicht oder nur unzureichend wahrgenommen. Diesen Kindern fällt es schwer, nicht nur emotionale Stimmungen in der Sprache wahrzunehmen, sondern haben auch Probleme, ob es sich bei Musikstücken um traurige, heitere oder aufwühlende Musik handelt.

7.3.8 Sozialverhalten/Einbindung in die Klasse

Schüler, die eine auditive Wahrnehmungsstörung haben, wissen von sich, dass sie anders sind, können dies aber nicht benennen. Ständig sind sie von ihren Mitschülern abhängig, da sie selten alles mitbekommen, sich häufig an ihren Klassenkameraden orientieren müssen, indem sie entweder mit Nachfragen „nerven“, oder „spickeln“ müssen, um am Ball zu bleiben, bzw. dem Unterricht folgen zu können. Sie haben zwar das Gefühl, dass es mit ihrem Hören zu tun hat, Untersuchungen beim Ohrenarzt allerdings haben kein Ergebnis gebracht, da das periphere Hörvermögen normal ist. Also stimmt irgendwas anderes nicht mit ihnen. Das merken auch die Mitschüler. Sie spüren, das mit „dem da“ irgendetwas nicht stimmt, ständig werden sie mit Fragen belästigt und dann redet der auch noch so laut, dass man dabei fast taub wird. Da sich Kinder mit auditiven Wahrnehmungsstörungen oft entweder zurückziehen oder aggressiv auftreten, geraten sie häufig ins Abseits.

8 Darstellung der eigenen Untersuchung

Ziel dieser Arbeit ist es, nachzuweisen, ob zwischen auditiven Wahrnehmungsstörungen und Auffälligkeiten im schulrelevanten Kontext ein Zusammenhang besteht. Dabei wird von der Annahme ausgegangen, dass die auditive Wahrnehmung ein grundlegende und notwendige Bedingung für alle schulischen Bereiche, wie Mitarbeit und Verhalten, Motivation und Konzentration, Lern- und Leistungsbereitschaft, darstellt. Es soll untersucht werden, ob allgemeine und grob nachweisbare Defizite in der auditiven Wahrnehmungsfähigkeit Auswirkungen auf oben genannte Bereiche haben und ob sich diese des weiteren auf Gedächtnisleistungen, den Schreib- und Leseerwerb, sowie auf die Erfassung emotionaler Inhalte, sowie im Ungang mit den Klassenkameraden auswirken.

8.1 Methodisches Vorgehen

In einer Studie mit insgesamt 82 Grundschulkindern aus der ersten Klasse einer Mannheimer und einer Heidelberger Grundschule wurde die Differenzierungsprobe II von Breuer und Weuffen (2002) angewendet, um die auditive Wahrnehmungsleistung zu erfassen. Insgesamt wurden 5 Kinder einer Heidelberger Grundschule und 76 Kinder einer Mannheimer Grundschule getestet. Um mögliche Auswirkungen von auditiven Wahrnehmungsstörungen zu erfassen, wurde ein Fragebogen entwickelt, der für jeden Schüler einzeln vom Klassenlehrer ausgefüllt werden musste.

Der Erhebungszeitpunkt war von Mai bis Juni 2006, dazwischen lagen die Pfingstferien. Der späte Zeitraum der Erhebung wurde durch mangelnde Kooperationsbereitschaft aller angefragten Heidelberger Grundschulen verursacht, die sich nicht dazu bereit erklärten, die Studie in ihren ersten Klassen durchführen zu lassen. Die Rektorin einer Mannheimer Grundschule und auch die Erstklasslehrerinnen dagegen zeigten sich sehr kooperativ und ließen mich die Studie durchführen. Ende Mai wurde damit begonnen, die auditive Wahrnehmungsleistung von Regelschulkindern mit Hilfe der Differenzierungsprobe II zu erfassen.

8.1.1 Differenzierungsprobe II von Breuer und Weuffen

Bei der Differenzierungsprobe II (Differenzierungsprobe II) von Breuer und Weuffen handelt es sich um ein informelles Screening-Verfahren, welches sich aus fünf Subtests zusammensetzt. Sie überprüft visuelle, auditive und kinästhetische Wahrnehmungsleistungen. Mit Hilfe der Differenzierungsprobe kann überprüft werden, ob in den Bereichen der:

- Optischen Differenzierung,
- Phonematischen Differenzierung,
- Kinästhetisch-artikulatorischen Differenzierung,
- melodischen Differenzierung und
- rhythmischen Differenzierung

Defizite vorhanden sind.

Auf den visuell-graphomotorischen Teil der Differenzierungsprobe wurde in dieser Stichprobe verzichtet, da nur auditive Wahrnehmungsleistungen (in Kombination mit sprechmotorischer Wahrnehmungsleistung) für die Untersuchung von Relevanz ist. Mit der Durchführung der Differenzierungsprobe von Breuer und Weuffen soll die auditive Wahrnehmungsleistung der getesteten Schulkinder dokumentiert werden. Die Differenzierungsprobe II eignet sich für die Erfassung der auditiven Wahrnehmungsleistung, da sie sich zum einen als ein verlässliches und schnell durchführbare Diagnoseinstrument darstellt, das gut vergleichbare Ergebnisse liefert, und zum anderen, dass *„mehrere Untersuchungsbereiche abdeckt und gut reproduzierbare Ergebnisse..“* [LGA 2002:33] geliefert werden. Des weiteren kann bei leichteren Wahrnehmungsschwächen eine direkter Förderbedarf und gezielte Förderung abgeleitet werden [LGA 2002].

Neben den dominanten Wahrnehmungsleistungen werden in allen fünf Subtest auch subdominante Wahrnehmungsleistungen getestet, wie z.B. auditives Gedächtnis und Aufmerksamkeit. Damit kann nur eine grobe Einschätzung über die auditiven Wahrnehmungsleistungen von Kindern festgestellt werden. Auffälligkeiten beim Testen sollten jedoch Anlass dafür sein, Kinder mit Befunden weiteren audiometrischen und psychometrischen Diagnoseverfahren zu unterziehen, damit eine genaue Diagnostik im auditiven Bereich festgestellt und bei Bedarf eine gezielte Förderung erfolgen kann. Wie die späteren Ergebnisse zeigen werden, sollte eine weitergehende Diagnostik vor allem dann erfolgen, wenn in mehreren Subtests ein negatives Gesamtergebnis festgestellt wurde.

Die Erfassung der **phonematischen Differenzierung** erfolgte über das Vorsprechen von Wortpaaren, die entweder identisch sind oder sehr ähnlich klingen. Dabei wurden dem Kind zu Beginn drei Beispiel-Wortpaare vorgesagt, um zu gewährleisten, dass das Kind die Aufgabe richtig verstanden hat. Erst wenn der Versuchsleiter denn Eindruck hatte, dass das Kind die Aufgabe verstanden hatte, wurde mit dem eigentlichen Subtest begonnen. Damit das Kind bei einer defizitären phonematischen Differenzierungsfähigkeit nicht über den visuellen Kanal kompensieren konnte, wurde dem Kind beim Vorsagen der Rücken zugewendet. Wurde ein oder mehr Wortpaare nicht richtig identifiziert („gleich“ oder „ungleich“), wurde dies als Ausfall im Bereich der phonematischen Differenzierung gewertet.

Die Erfassung der **kinästhetisch-artikulatorischen Differenzierung** erfolgte über das Nachsprechen von langen Wörtern, die für Kinder in diesem Alter schwierig nachzusprechen sind, nämlich „Konsumgenossenschaft“, „Krambambuli“ und „Elektrizität“. Dem Kind wurde mitgeteilt, dass es lange und schwierige Wörter vorgesprochen bekommt, die das Kind versuchen soll, nachzusprechen. Verständigungsschwierigkeiten kamen bei dieser Aufgabe nicht auf. Auch hier wurde dem Kind der Rücken zugedreht, damit es nicht auf visuelle Kompensationsstrategien zurückgreifen konnte. Das Kind bekam dreimal die Gelegenheit, das Wort richtig nachzusprechen. Dabei gilt für jedes Wort folgende Bewertung:

- Nachsprechen gelingt sofort und ohne Fehler: 3 Punkte
- Nachsprechen gelingt nach der 1. Wiederholung: 2 Punkte
- Nachsprechen gelingt nach der 2. Wiederholung: 1 Punkt
- Nachsprechen gelingt auch nach der 2. Wiederholung nicht: 0 Punkte

Wurden weniger als sechs Punkte erreicht, wurde dies als negatives Gesamtergebnis gewertet.

Die Erfassung der **melodischen Differenzierung** erfolgt über das Abspielen zweier Tonfolgen, die es miteinander zu vergleichen hatte. Das Kind musste die Entscheidung treffen, ob die nacheinander vorgespielten Tonfolgen gleich oder unterschiedlich sind. Die Tonfolgen wurden im Vorfeld auf CD gespielt und mit einem CD-Player abgespielt, um Ablenkungen zu vermeiden. Zu Beginn des Subtests wurden zwei Beispiel-Tonfolgen vorgespielt, um zu gewährleisten, dass das Kind die Aufgabe verstanden hat. Erst nach dem Eindruck des Versuchsleiters, dass das Kind die Aufgabe verstanden hatte, wurde mit den Prüfaufgaben begonnen. Für ein positives Gesamtergebnis mussten alle drei Aufgaben richtig gelöst werden.

Um die **rhythmische Differenzierung** des Schülers zu erfassen, wurde dem Kind eine Klatschrhythmus vorgeklatscht, das das Kind nachklatschen sollte. Damit das die Kind die Klatschbewegungen nicht sehen konnte, wurde dem Kind der Rück zugedreht. Lediglich beim Erklären der Aufgabenstellung sah das Kind, wie der Versuchleiter klatschte. Dem Kind wurden als Beispielsaufgabe ein Klatschrhythmus vorgeben. Hatte der Versuchsleiter den Eindruck, dass das Kind die Aufgabenstellung verstanden hatte, wurden dem Kind zwei Klatschryhthmen vorgegeben, die nachzuklatschen waren. Für die Bewertung gab es folgende Punktevergabe:

- Nachklatschen gelingt sofort und ohne Fehler: 2 Punkte
- Nachklatschen gelingt nach einer Wiederholung: 1 Punkt
- Nachklatscht gelingt auch nach einer Wiederholung nicht: 0 Punkte

Erreicht das Kind ingesamt mehr als drei Punkte, wurde ein positives Gesamtergebnis vermerkt, waren es weniger als drei Punkte, wurde es als negatives Gesamtergebnis notiert.

8.1.2 Fragebogen

Um mögliche Auswirkungen von auditiven Wahrnehmungsstörungen festhalten zu können, wurde ein Beobachtungs-Fragebogen entwickelt. Dieser musste für jeden Schüler einzeln von der Klassenlehrerin ausgefüllt werden. Mit dem Fragebogen wurde versucht, ein möglichst großes Spektrum an schulrelevanten Bereichen abzudecken. So ist der Fragebogen in acht Bereiche gegliedert. Die Klassenlehrerinnen sollten ihre Beobachtungen zu folgenden Bereichen in einer fünf-stufigen Skala festhalten:

- Mitarbeit und Verhalten
- Störschall – Nutzschall

- Motivation, Konzentration und Aufmerksamkeit
- Gedächtnisleistungen
- Lern- und Leistungsvermögen
- Rechtschreib- und Leseleistung
- Emotionalität
- Sozialverhalten und Einbindung in die Klasse

Der Fragebogen enthält Fragen zu diesen acht Bereichen, die sich aus den in Kapitel 7 beschriebenen schulrelevanten Bereichen, aufgrund von auditiven Wahrnehmungsstörungen ergeben können und von diesen abgeleitet sind. Damit sollen die in diesem Kapitel vorgestellten Überlegungen empirisch überprüft werden.

8.1.3 Auswertung der Daten

Die Schüler wurden bei der Auswertung der Daten in zwei Haupt- und zwei Untergruppen unterteilt. Richtlinie für das Einteilen der Schüler in zwei Hauptgruppen war das Ergebnis der Differenzierungsprobe II. Die erste Gruppe setzt sich aus jenen Schulkindern zusammen, bei denen kein Befund in der Differenzierungsprobe II festgestellt wurde, die zweite Gruppe besteht entsprechend aus jenen Schulkindern, die in mindestens einem Subtest einen negativen Befund hatten. In dieser Arbeit werden Kinder mit Befunden in der Differenzierungsprobe II als Kinder mit auditiven Wahrnehmungsstörungen (AWS) betrachtet.

Die erste Gruppe dient als Kontrollgruppe, die Schüler dieser Kinder werden in dieser Arbeit als Schüler ohne auditive Wahrnehmungsstörungen definiert. Gruppe 2 wird als Gesamtgruppe AWS bezeichnet, also jene Schülerschaft, die auditive Wahrnehmungsstörungen hat, wobei innerhalb dieser Gruppe 2 die Ergebnisse aus den Fragebögen nochmals Schulkinder mit einer Auffälligkeit gegenüber Schulkindern mit zwei und mehr Auffälligkeiten untergliedert werden.

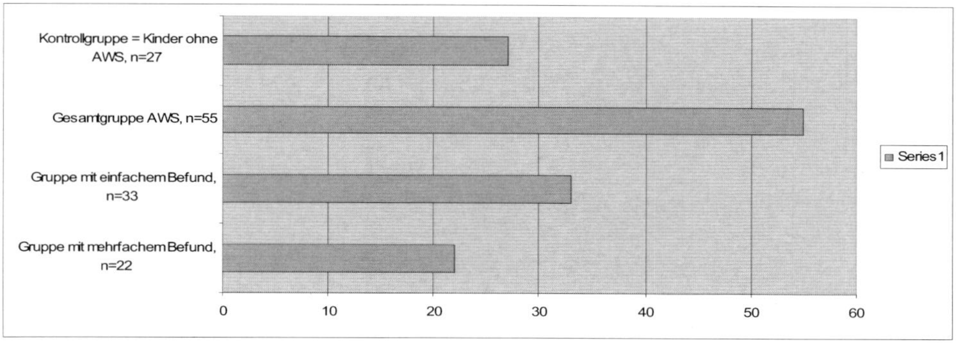

Tabelle 1: Untersuchungsgruppen

Die Ergebnisse der Differenzierungsprobe II werden mit den Ergebnissen der Fragebögen zueinander in Beziehung gesetzt, die Gruppen untereinander verglichen.

Der Fragebogen hat eine fünf-stufige Skala, die über „nie“, „selten“, „gelegentlich“, „oft“ bis „immer“ reicht. In der Auswertung werden Fragen, die mit „nie“ und „selten“ beantwortet wurden, zusammengefasst dargestellt. Antworten mit „gelegentlich“ werden im Vergleich der Kontrollgruppe und der AWS-Gruppe als Tendenz gedeutet, Fragen, die mit „immer“ und „oft“ beantwortet werden, zeigen Beeinträchtigungen und verweisen auf die Bedeutung der auditiven Wahrnehmung.

8.2 Auswertung der Stichprobe

8.2.1 Fragestellung und Hypothesen

Mit der Untersuchung sollen folgende Fragestellungen und die damit entwickelten Hypothesen geklärt werden:

- Haben auditiven Wahrnehmungsstörungen einen Einfluss auf die Mitarbeit und das Verhalten von Schülern im Unterricht?

Hypothesen:

H_0: Kinder mit AWS zeichnen sich in ihrer Mitarbeit und ihrem Verhalten nicht von Schülern ohne AWS ab. In ihrer mündlichen Mitarbeit, ihrem Arbeitsverhalten (z.B. bei der Ausführung mehrteiliger Arbeitsaufträge) und ihrem Frageverhalten sind keine Unterschiede festzustellen.

H_1: Kinder mit AWS zeichnen sich durch eine reduzierte Konzentrationsspanne bei gleichzeitig erhöhter Ablenkbarkeit gegenüber Schülern ohne AVWS aus. Betroffene Schüler fallen durch ihr erhöhtes Frageverhalten und reduziertes mündliches Mitarbeiten aus. Handlungsaufträge werden nicht oder nur unvollständig ausgeführt. Weitere Folgen sind unüberlegtes Handeln und plötzliche Beschäftigungswechsel.

- Zeigen sich bei Schülern mit auditiven Wahrnehmungsstörungen Defizite in der Verarbeitung von Stör- und Nutzschall? Wenn ja, inwieweit macht sich dies im Unterricht bemerkbar?

Hypothesen:

H_0: Schüler mit AWS zeigen bei lauter Geräuschkulisse, beispielsweise in Gruppensituationen, kein auffälliges Verhalten auf. Es gibt keine Unterschiede im Verstehen im Gruppengespräch im Vergleich zum Einzelgespräch.

H_1: Schüler mit AWS neigen dazu, mündliche Anweisungen der Lehrer misszuverstehen, diese nur unvollständig oder falsch zu bearbeiten. In Gruppensituationen beschweren sie sich häufig über das Durcheinandersprechen. In der Einzelsituation zeigen sie deutlich besseres Sprachverstehen als in der Gruppensituation.

- Sind bei Schülern mit auditiven Wahrnehmungsstörungen verstärkt Auffälligkeiten im Bereich der Motivation, Konzentration und Aufmerksamkeit beobachtbar, oder gibt es keine grundlegenden Unterschiede?

Hypothesen:

H_0: Auditive Wahrnehmungsstörungen ziehen keine Beeinträchtigen in der Motivation, Konzentration und Aufmerksamkeit nach sich.

H_1: Schüler mit auditiven Wahrnehmungsstörungen zeigen ein deutlich verkürztes Konzentrationsvermögen. Ihre Leistungskurve ist stark pendelnd, mit fortschreitendem Unterrichtstag immer stärker abfallend. Im Unterricht zeigen sie sich leicht ablenkbar, vor allem durch Geräusche; Arbeitsanweisungen und Informationen, die auf verbaler Ebene gemacht werden, werden nur unvollständig, falsch oder gar nicht erledigt, für vorgelesene Geschichten besteht kaum Interesse.

- Inwieweit ist das auditive Gedächtnis bei Kindern mit auditiven Wahrnehmungsstörungen betroffen und welche Auswirkungen sind bei Kindern mit auditiven Wahrnehmungsstörungen in diesem Bereich beobachtbar?

Hypothesen:

H_0: Auditive Wahrnehmungsstörungen ziehen keine Schwierigkeiten im Erledigen und Aufnehmen von verbal mitgeteilten Anweisungen und Informationen nach sich.

H_1: Schüler mit auditiven Wahrnehmungsstörungen zeigen ein deutlich verkürztes Konzentrationsvermögen. Mündliche Anweisungen werden nicht oder nur unvollständig ausgeführt, verbal gegebene Informationen werden schlecht behalten. Für Vorgelesenes verfällt das Interesse, im Lesen, Schreiben und Rechnen zeigen sich deutliche Defizite. Spiele und Lieder, die Gedächtnisanforderungen stellen , können kaum oder gar nicht gemeistert werden.

- Haben auditive Wahrnehmungsstörungen Einfluss auf das allgemeine Lern- und Leistungsvermögen. Inwieweit machen sich diese im Unterricht bemerkbar?

Hypothesen:

H_0: Kinder mit auditiven Wahrnehmungsstörungen unterscheiden sich in ihrem Lern- und Leistungsvermögen nicht von Kindern ohne auditive Wahrnehmungsstörungen

H_1: Schüler mit auditiven Wahrnehmungsstörungen sind in ihrem Lern- und Leistungsvermögen deutlich eingeschränkt. Spiele, die Anforderungen ans Gedächtnis verlangen, können schlecht gemeistert werden, im musikalischen Bereich zeigen sie Defizite in Hinblick auf Rhythmus, Melodie und Text.

- Machen sich auditive Wahrnehmungsstörungen im Lese-Rechtschreib-Erwerb bemerkbar? Welche Rolle spielt dabei die phonematische Differenzierungsfähigkeit im Vergleich zu den anderen Wahrnehmungsbereichen, die über die Differenzierungsprobe II überprüft werden?

Hypothesen:

H_0: Auditive Wahrnehmungsstörungen haben keinen Einfluss auf den Lese-Rechtschreib-Erwerb. Kinder mit AWS können in derselben Geschwindigkeit und Sicherheit die Phonem-Graphem-, bzw. Graphem-Phonem-Korrespondenzregeln erwerben, wie Kinder ohne auditive Wahrnehmungsproblematik

H_1: Auditive Wahrnehmungsstörungen führen zu einem verzögerten Lese-Rechtschreiberwerb. Kinder mit AVWS neigen dazu, Laut-Buchstaben-Beziehungen zu verwechseln. Kinder mit AVWS haben Probleme mit lautorientierter Schrift, ebenso bestehen Probleme, abgebildete Buchstaben zusammenzulauten.

- Haben Kinder mit auditiven Wahrnehmungsstörungen Probleme, Stimmungen und Gefühle, die über die verbale Ebene geäußert werden, einzuordnen und zu interpretieren?

Hypothesen:

H_0: Auditive Wahrnehmungsstörungen haben keinen Einfluss auf die Erfassung emotionaler Inhalte, die sprachlich oder musikalisch ausgedrückt werden.

H_1: Auditive Wahrnehmungsstörungen führen zu einer unzureichenden Entnahme emotionaler Inhalte, die sprachlich oder musikalisch ausgedrückt werden. Emotionale Inhalte werden nicht, oder falsch erkannt.

- Äußern sich auditive Wahrnehmungsstörungen in der sozialen Umgangsform mit Mitschülern, insbesondere in der visuellen Orientierung und der Sprechlautstärke?

Hypothesen:

H_0: Kinder mit auditiven Wahrnehmungsstörungen sind im Sozialverhalten und in ihrer Einbindung in der Klasse nicht auffällig.

H_1: Kinder mit auditiven Wahrnehmungsstörungen orientieren sich visuell stark an Klassenkameraden, und fallen durch eine erhöhte Sprachlautstärke auf.

8.2.2 Ergebnisse

Eine genaue Analyse und Darstellung der Ergebnisse erfolgt für die Gruppe der 27 gesunden Schulkinder und für die Gruppe der 55 Kinder mit Befunden in der Differenzierungsprobe II. Die Leistungen dieser beiden Gruppen werden miteinander verglichen.

8.2.2.1 Ergebnisse der Differenzierungsprobe II

Insgesamt wurden 82 Schulkinder der ersten Klassen getestet. Die Kinder stammen aus Mannheim und Heidelberg. Insgesamt wurden 77 Kinder einer Mannheimer Grundschule und 5 Kinder einer Heidelberger Grundschule getestet.

Der Anteil der Schüler mit ausländischer Herkunft war sehr hoch, Sprachdefizite und/oder Verstehensprobleme bei der Anleitung und Durchführung konnten jedoch nicht festgestellt werden.

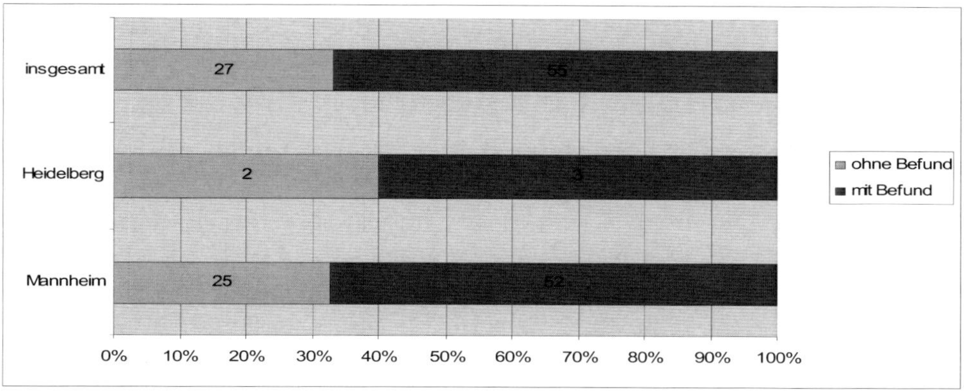

Tabelle 2: Ergebnisse der Differenzierungsprobe II – Heidelberg, Mannheim

Von den 77 Schulkindern der Mannheimer Grundschule wurden bei lediglich 25 Schülern keine Defizite in der Differenzierungsprobe II festgestellt, in der Heidelberger Grundschule konnten 2 von 5 Schülern alle Aufgaben ohne Fehler lösen. Insgesamt waren 27 von 82

Schulkindern ohne Befund, das entspricht 32,9%. Dagegen konnten entsprechend insgesamt 55 Kinder, also etwa 67,1% aller Kinder, die Aufgaben nicht fehlerfrei lösen.

Von den 55 Schulkindern mit Befund wurden bei 33 Kindern (40,2%) in einem Bereich das Gesamtergebnis mit negativ, bei 22 Kindern (26,8%) zwei oder mehrere Bereiche mit negativem Gesamtergebnis bewertet.

Ergebnisse der Differenzierungsprobe II – Gesamtgruppe AWS

	Phonematische Differenzierung	***Kinästhetisch-artikul. Differenzierung***	***Melodisch-intonatorische Differenzierung***	***Rhythmische Differenzierung***
Stichprobe n = 82	43,9 %	25,6 %	19,5 %	14,6 %
LGA n = 22620 (Mittelwert)	26,8 % Streuung 14 – 50 %	10,2 % Streuung 4 – 20 %	-	8,6% Streuung 3 – 16 %

Tabelle 3: Vergleich Stichprobe und LGA 2002, Mittelwert und Streuung

In mehreren landesweiten Praxistests der Differenzierungsprobe von BREUER und WEUFFEN (1997, 1999), zwischen 1997 bis 2001 durchgeführt, stellte das Landesgesundheitsamt Baden-Württemberg fest, dass der Anteil der Kinder bei der Einschulung zwischen 13% und 23% Förderbedarf in einem Bereich, zwischen 5 und 9% in mehreren Bereichen (LGA 2002) hatten.

Die Schüler der Mannheimer und Heidelberger Grundschule liegen im Vergleich zu den Tests des Landesgesundheitsamts im oberen Feld, wie folgende Grafik zeigt.

Gesundheitsamt	Differenzierungsbereich			
	optisch-graphomot.	akustisch-phonemat.	kinästhetisch-artikulatorisch	rhythmisch
Balingen (2000)	47%	25%	15%	6%
Balingen (2001)	43%	21%	12%	6%
Biberach (2000)	34%	50%	13%	8%
Emmendingen (2000)	46%	24%	17%	10%
Freudenstadt (2000)	22%	18%	7%	4%
Freudenstadt (2001)	21%	21%	6%	7%
Friedrichshafen (1999)	33%	14%	11%	12%
Friedrichshafen (2000)	44%	17%	8%	7%
Friedrichshafen (2001)	46%	24%	8%	8%
Göppingen (1999)	22%	15%	7%	6%
Göppingen (2000)	25%	30%	7%	7%
Göppingen (2001)	29%	29%	6%	7%
Künzelsau (2001)	29%	14%	6%	7%
Lörrach (1999)	30%	17%	11%	5%
Lörrach (2000)	30%	19%	17%	7%
Offenburg (1999)	50%	44%	16%	16%
Pforzheim (1999)	19%	23%	6%	7%
Pforzheim (2001)	25%	23%	5%	4%
Rastatt (2000)	42%	40%	9%	3%
Ravensburg (1999)	17%	28%	20%	13%
Schwäbisch Hall (1999)	39%	30%	10%	7%
Schwäbisch Hall (2000)	25%	23%	5%	12%
Sigmaringen (2001)	36%	30%	4%	12%
Waiblingen (1999)	48%	37%	16%	13%
Waiblingen (2001)	31%	29%	12%	11%

Grafik: Ergebnisse zur Differenzierungsprobe
LGA Baden-Württemberg 2002:40

8.2.2.2 Ergebnisse zu Mitarbeit und Verhalten

Beim Vergleich der Mittelwerte scheint sich Hypothese 1 zu bestätigen. Tatsächlich hat die auditive Wahrnehmung einen entscheidenden Einfluss auf die Mitarbeit und das Verhalten der Schüler im schulischen Kontext. Während in der Kontrollgruppe zwei Drittel aller Schüler nie oder selten auffällig sind, geht dieser Anteil in der Gesamtgruppe um 11,6% zurück.

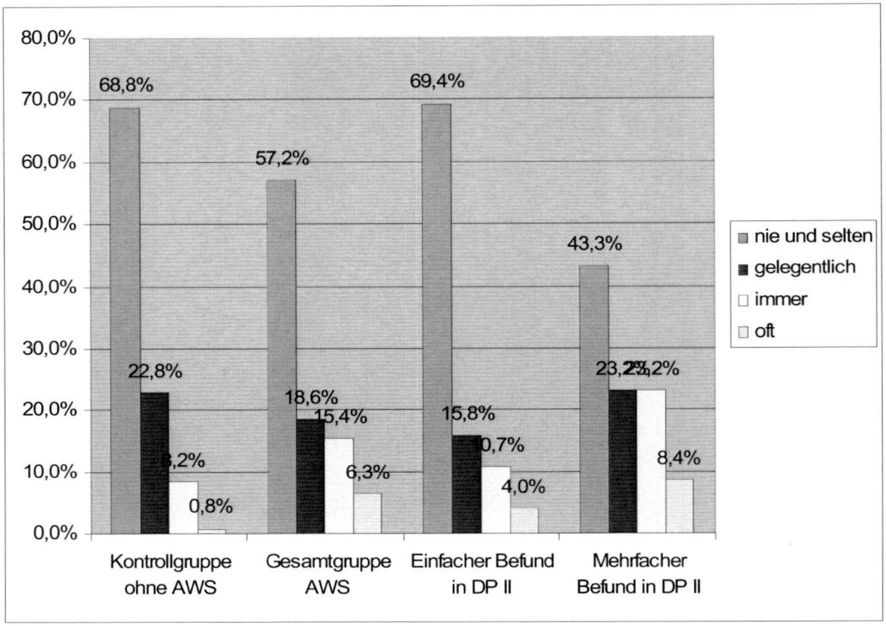

Tabelle 1: Mittelwerte – Mitarbeit und Verhalten

Auf den ersten Blick erscheint dieser Anteil marginal, interessant wird der Vergleich jedoch, wenn Kinder mit einfachem und mehrfachem Befund in der Differenzierungsprobe II der Kontrollgruppe gegenübergestellt werden. So unterscheidet sich die Gruppe mit einfachem Befund in der Differenzierungsprobe II beim Anteil der Schüler, die ihren Klassenlehrerinnen nie oder selten auffallen nicht von der Kontrollgruppe ohne AWS. Der Anteil ist sogar leicht höher. Allerdings verweist der Anteil der Schüler, die gelegentlich negativ auffallen, zu der Tendenz, dass die auditive Wahrnehmung einen entscheidenden Anteil an Mitarbeit und Verhalten des Schülers hat. So reduziert sich der Anteil der Schüler mit gelegentlichen Auffälligkeiten bei Schülern ohne AWS von 22,8% auf 15,8% bei Schülern mit einfachem Befund in der Differenzierungsprobe II und verlagert sich auf die

Schüler, die ihren Klassenlehrerinnen oft oder immer mit Defiziten auffallen. Hier steigt der Anteil von 8,2% auf 10,7%, von Kindern, die immer auffallen, von 0,8% auf 4,0%. Schon mit einfachem Befund ist das Risiko, der Klassenlehrerin negativ aufzufallen um das Fünffache gestiegen.

Deutlicher Unterschiede treten zu Tage, wenn die Kontrollgruppe mit der Gruppe der Kinder verglichen wird, die in der Differenzierungsprobe II in wenigstens zwei Bereichen ein negatives Gesamtergebnis vorzuweisen hat. Bei dieser sinkt der Anteil der Kinder, die nicht auffallen, von 68,8% auf 43,3%. Der Anteil der Kinder, die gelegentlich auffallen, bleiben mit 23,2% in etwa gleich. Allerdings erhöht sich der Anteil der Kinder, die oft auffallen, auf 23,2%. Damit ist die Wahrscheinlichkeit von Kindern mit auditiven Wahrnehmungsstörungen dreimal höher, negativ aufzufallen, als Kinder, die in der Differenzierungsprobe II keinen Befund hatten. Auch im Vergleich zu den Kindern mit einfachem Befund schneidet diese Gruppe deutlich schlechter ab. Im Vergleich zu Kindern, die etwa zu 11% auffallen, hat sich dieser Wert innerhalb der Gesamtgruppe mit AWS nahezu verdoppelt.

Am größten treten die Unterschiede bei der mündlichen Mitarbeit zu Tage. So geht die mündliche Beteiligung am Unterricht deutlich zurück. Während noch 2 von 5 Kindern der Kontrollgruppe sich regelmäßig am mündlich am Unterricht beteiligen, ist dies in der Gruppe mit mehrfachem Befund nur noch bei jedem 10. Kind der Fall. Während sich in der Kontrollgruppe nur jedes 10. Kind dem Unterricht verweigert, ist das in der Gruppe mit mehrfachem Befund jedes 2. Kind (s. Tabelle 2).

Auch beim Nachfragen in der Einzel- und Gruppensituation gibt es deutliche Unterschiede zwischen den einzelnen Gruppen. Bei Kindern, die keinen Befund in der Differenzierungsprobe II hatten, fragt nur jedes 6. Kind oft nach, bei Kindern mit einfachem Befund ist es jedes 4. Kind, in der Gruppe mit mehrfachem Befund jedes 3. Kind. Da Kinder mit auditiven Wahrnehmungsstörungen ein „Mehr" an Aufmerksamkeit und Konzentration aufbringen müssen, um den Unterricht folgen zu können, ermüden sie rascher und sinken in ihrer Leistungsfähigkeit ab [LAUER 1998, NICKISCH 2002,ROSENKÖTTER 2003]. Dies zeigt sich auch deutlich an der reduzierten Fähigkeit, mehrteiligen Arbeitsanweisungen zu folgen und auszuführen. Fällt ein Kind durch ein negatives Gesamtergebnis in mehreren Subtests der Differenzierungsprobe auf, steigt die Wahrscheinlichkeit, dass mehrteilige Arbeitsanweisungen nicht durchgeführt werden können. So ist in der Gruppe mit mehrfachem

Befund nur jedes 4. Kind in der Lage, diesen immer nachzukommen, dagegen haben nahezu 40% der Kinder diese Gruppe massive Probleme, diese adäquat auszuführen.

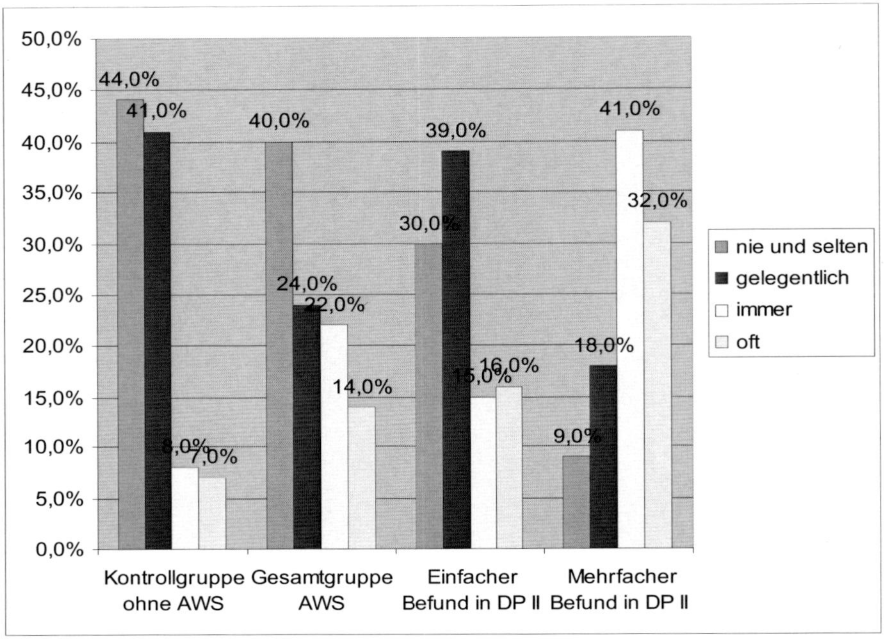

Tabelle 2: Ergebnisse – Mitarbeit und Verhalten: Wenig Mitarbeit im mündlichen Unterricht

Das reduzierte Aufmerksamkeitsniveau und Konzentrationsfähigkeit führt auch dazu, dass Kinder mit auditiven Wahrnehmungsstörungen scheinbar nicht zuhören. Während in der Kontrollgruppe nur 11% der Schüler auffallen, die gelegentlich nicht zuzuhören scheinen, trifft das in der Gruppe mit mehrfachem Befund auf jedes 2. Kind zu (siehe Anhang).

8.2.2.3 Ergebnisse zur Störschall und Nutzschall

Selbst Kinder, die keine Beeinträchtigungen in der auditiven Wahrnehmung haben, bekommen leicht Probleme, den Nutzschall gegenüber dem Störschall abzugrenzen. Dies hat mehrere Gründe. Zum einen muss das Gehirn permanent eine Großleistung aufbringen, um relevante Informationen aus einer allgemeinen Geräuschkulisse herauszufiltern. Dies benötigt große kognitive Ressourcen, deswegen braucht das Kind immer wieder Pausen zu Regeneration. Zum anderen sind die akustischen Bedingungen in Klassenzimmern meist alles andere als vorteilhaft (siehe Kapitel 7.3.2.). Entsprechend hat auch in der Kontrollgruppe jedes 10. Kind die für ein reduziertes auditives Selektionsvermögen typischen Symptome. So kommt es zu Missverstehen in komplexen Geräuschsituationen, zu Beschwerden und zu deutlich besserem Sprachverstehen, wenn man sich in der Einzelsituation befindet.

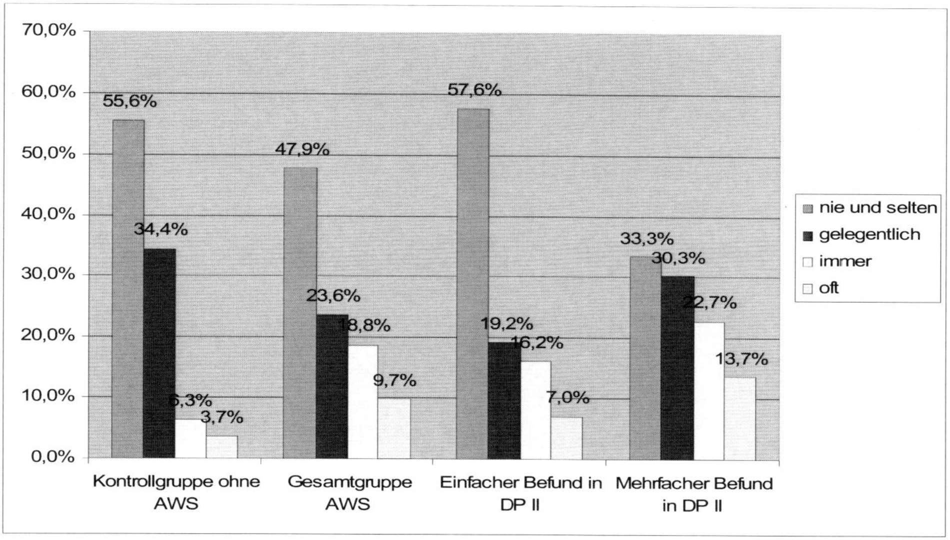

Tabelle 3: Mittelwerte – Störschall und Nutzschall

Während nur jedes 10. Kind der Kontrollgruppe größere Verstehens- und Verständigungsschwierigkeiten hat, die auf einer geminderten Differenzierung von Stör- und Nutzschall beruht, werden in der Gesamtgruppe AWS 28,5% aller Kinder von ihren Klassenlehrerinnen mit häufigen oder permanenten Schwierigkeiten beobachtet. Das ist nahezu jedes 3. Kind. Die Wahrscheinlichkeit, dass ein Kind von einem vermindertem auditivem Selektionsvermögen betroffen ist, verdreifacht sich damit.

Der prozentuale Anteil der Schüler, die in der Kontrollgruppe mit gelegentlichen Problemen bei der differenzierten Wahrnehmung von Störschall und Nutzschall von ihren Klassenlehrerinnen wahrgenommen werden, geben wiederum die Tendenz vor. So bleibt der Anteil der Schüler, die keine Probleme mit der differenzierten Wahrnehmung von Stör- und Nutzgeräuschen haben, bei Schülern ohne und mit einfachem Befund nahezu identisch. Allerdings findet eine Verschiebung statt von den Schülern, die gelegentlich Probleme haben, zu jenen Schülern, die oft oder immer Probleme haben. Dies wird durch einen

Vergleich der Werte von Kontrollgruppe, zur Gruppe mit einfachem und mehrfachem Befund veranschaulicht.

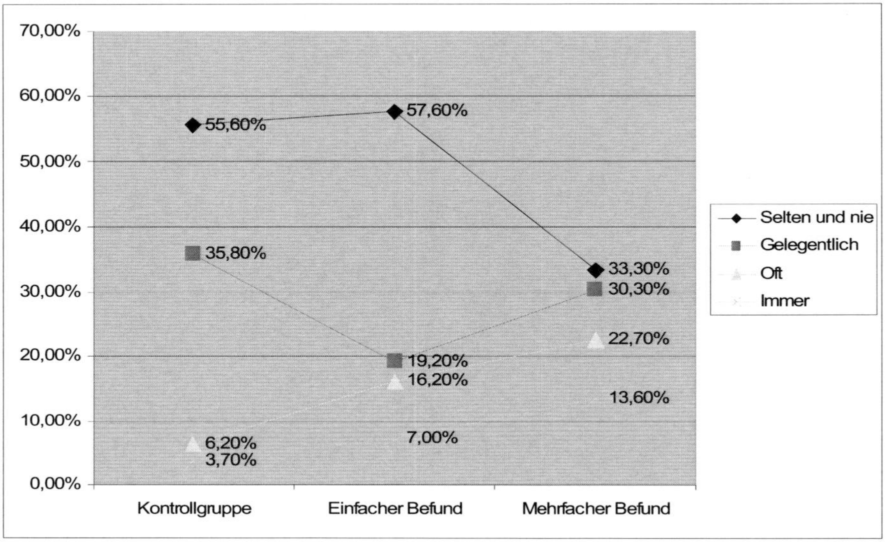

Tabelle 4: Vergleichwerte zu auditivem Selektionsvermögen

Anhand Tabelle 4 wird ersichtlich, dass die Wahrscheinlichkeit steigt, dass es in komplexen Geräuschsituationen zu Missverständnissen kommt, da das vollständige Entnehmen von Informationen nicht gegeben ist. Der Schüler wird mit fragmentierten Informationen konfrontiert, was wiederum zu nachhaltigen Folgen führen kann (s. Kapitel 7.2.2.). Tabelle 4 zeigt deutlich, dass bereits bei Kindern mit einfachem Befund in der Differenzierungsprobe II ein deutlich erhöhtes Risiko besteht, in komplexen Geräuschkulissen überfordert zu sein. So steigt der Anteil von Kindern, bei denen es oft zu Missverständnissen, zu Beschwerden bei lauter Geräuschkulisse und zur verbesserten Verstehensleistung in der Einzelsituation kommt, von 6,2% auf 16,2% bei Kindern mit einfachem Befund, und weiter auf 22,7% bei Kindern mit mehrfachem Befund. Das Risiko erhöht sich damit um den zweieinhalb- bis vierfachen Wert im Vergleich zur Kontrollgruppe. Auch bei Kindern, bei denen diese Symptome immer beobachtbar sind, steigt von 3,0% der Kontrollgruppe über 7,0% der Gruppe mit einfachem Befund bis auf 13,6% der Gruppe mit mehrfachem Befund.

Damit scheint Hypothese 1 bestätigt, dass Kinder mit auditiven Wahrnehmungsstörungen ein deutlich erhöhtes Risiko haben, von einem defizitären auditivem Selektionsvermögen betroffen zu sein. Damit erhöht sich die Wahrscheinlichkeit deutlich, dass Arbeitsanweisungen nicht vollständig oder falsch ausgeführt werden. So nehmen auch die Beschwerden über Durcheinandersprechen der Mitschüler zu. Auch zeigt sich bei Schülern, die in der Differenzierungsprobe II mit Befund waren, ein verbessertes Sprachverstehen, wenn sich diese in der Einzelsituation befinden (siehe Anhang)

8.3.2.4 Ergebnisse zu Aufmerksamkeit, Konzentration und Motivation

Die Qualität der auditiven Wahrnehmung hat einen maßgeblichen Einfluss auf das Aufmerksamkeitsniveau, das Konzentrationsvermögen und die Motivation. Werden die Mittelwerte der Kontrollgruppe mit der Gesamtgruppe AWS miteinander verglichen, zeigen sich deutliche Unterschiede.

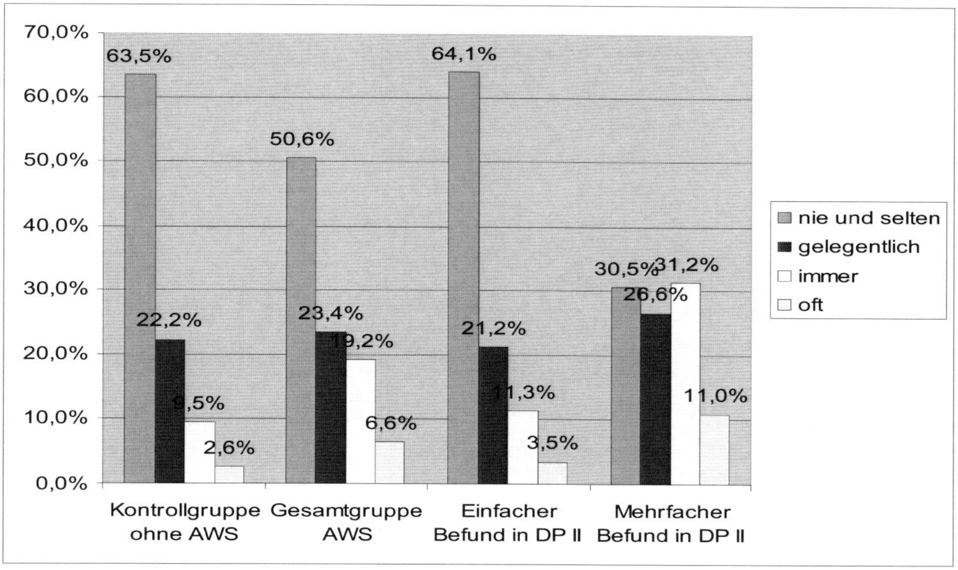

Tabelle 5: Mittelwerte – Aufmerksamkeit, Konzentration und Motivation

Allerdings hat der Vergleich der Kontrollgruppe und der Gesamtgruppe AWS eine nur geringe Aussagekraft. Dies zeigen die Ergebnisse der Kontrollgruppe und die Ergebnisse der Gruppe mit einfachem Befund in der Differenzierungsprobe II, wie Tabelle 6 zeigt. Werden die Ergebnisse dieser zwei Gruppen übereinandergelegt, sind diese nahezu deckungsgleich. Offenbar sind Kinder, die nur in einem Bereich der Differenzierungsprobe ein negatives Gesamtergebnis hatten, in der Lage, ihre Mängel in der auditiven Wahrnehmung zu kompensieren. Ebenso ist es möglich, dass ein einfacher Befund in der Differenzierungsprobe II nicht gravierend genug ist, um Mängel in diesem Bereich zu verursachen. So lenken sich die zwei Drittel der Schüler dieser Gruppen „selten“ selber ab und werden durch Geräusche auch nicht in ihrer Konzentration gestört. Das Aufmerksamkeitsnivau bleibt in Unterrichtsphasen, die vornehmlich auf der Entnahme auditiver Informationen beruhen, bei zwei Dritteln Schüler erhalten. Bei jedem 4. Schüler verflacht die Aufmerksamkeit, Konzentration und Motivation „gelegentlich“. Dass zwischen 12 bzw. 15% der Schüler in diesem Bereich oft oder immer nachlassen, lässt sich unter anderem auch auf das geringe Alter der Schüler zurückführen.

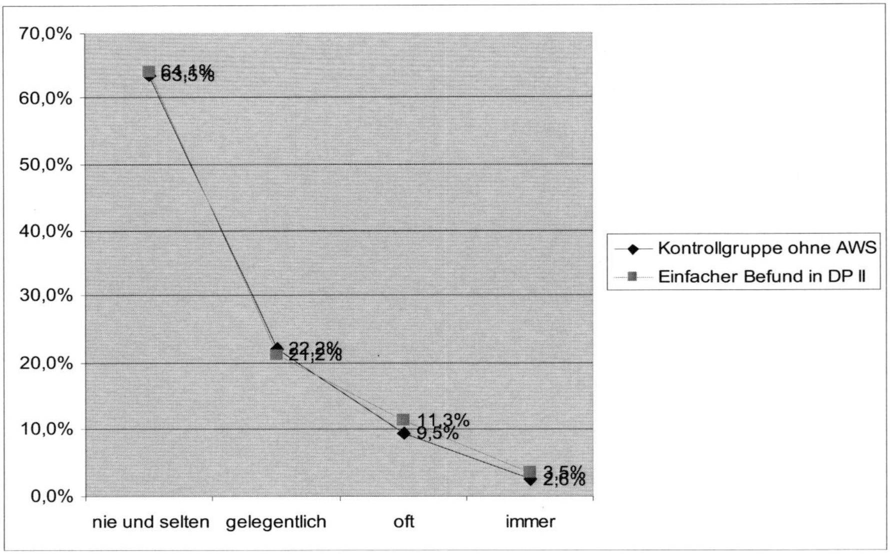

Tabelle 6: Vergleichswerte zu Aufmerksamkeit, Konzentration und Motivation, Kontrollgruppe – einfacher Befund

Ein ganz anderes Bild zeigt sich, wenn die Ergebnisse der Kontrollgruppe mit den Ergebnissen der Gruppe mit mehrfachem Befund gegenüber gestellt werden (Tabelle 7). Hier zeigen sich deutliche Unterschiede. Während Schüler mit einfachem Befund in der Differenzierungsprobe II entweder ausreichend kompensieren können, bzw. als dass sich ein einfacher Befund für diesen Bereich als nicht gravierend genug auswirkt, zeigen sich deutliche Einbußen bei Schülern mit mehrfachem Befund in der Differenzierungsprobe II. Nur noch ein Drittel dieser Schüler sind in ihrem Aufmerksamkeitsnivau konstant, behalten ihre Konzentration und Motivation. Der prozentuale Anteil der Schüler, die von ihren Klassenlehrerinnen häufig mit Aufmerksamkeitsdefiziten, Konzentrationsschwächen und fehlender Motivation beobachtet werden, steigt von durchschnittlich 9,5% auf 31,2%, Kinder, die immer mit diesen „Mängeln" beobachtet werden, steigen von 2,6% auf 11,0%. Das ist ein Anstieg um das beinah Dreieinhalb- und Fünffache. Damit hat nach den Beobachtungen der Klassenlehrerinnen nahezu jeder 2. Schüler in diesem Bereich Defizite.

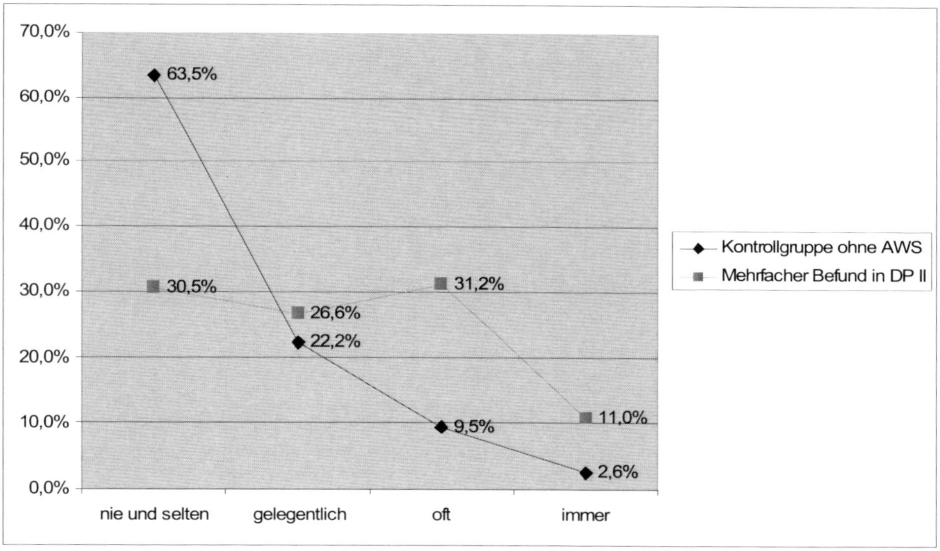

Tabelle 7: Vergleichswerte zu Aufmerksamkeit, Konzentration und Motivation, Kontrollgruppe – mehrfacher Befund

Die Wahrscheinlichkeit, dass Kinder Probleme mit ihrer Aufmerksamkeit, Konzentration und Motivation haben, ist um ein Vielfaches höher, als bei Kindern ohne AWS. Damit scheint die in Kapitel 8.3.2 aufgestellte Hypothese 1 bestätigt zu sein. Die Qualität der auditiven Wahrnehmung scheint einen sehr großen Einfluss auf die Aufmerksamkeit, Konzentration und Motivation der Schüler zu haben.

Schüler, die in mehreren Bereichen der Differenzierungsprobe II ein negatives Gesamtergebnis hatten, scheinen von Situationen, die akustisch geprägt sind, schneller und leichter überfordert zu sein und haben in jedem Bereich deutliche Defizite (s. Anhang). Schüler mit AWS lassen sich leichter ablenken und neigen zur Unruhe. Das Erledigen und Lösen von Aufgaben, die verbal gestellt und bearbeitet werden müssen, ist bei jedem 2. Schüler nicht gewährleistet. Da ein Großteil aller Informationen über den auditiven Kanal einfliesen, muss damit gerechnet werden, dass sich dauerhafte Lücken bei Kenntnissen, Fertig- und Fähigkeiten des Schülers einstellen, die sich verfestigen können. Eine Umstellung auf ganzheitlichen Unterricht, der mehrere Sinneskanäle beim Lernprozess erfasst, erscheint hier sinnvoll. Das verflachende Interesse bei Vorgelesenem ist ein deutliches Indiz dafür, dass Schüler ein Mehr an Konzentration aufbringen müssen, um den Geschehnissen zu folgen. Diese Mehr an Konzentration führt zu schneller Ermüdung, dem Vorgelesenem wird nicht mehr gefolgt. Dasselbe gilt auch beim Verfolgen des Unterrichts über den ganzen Vormittag hinweg. Schüler mit AWS scheinen hier größere Probleme zu haben, als Schüler ohne AWS.

8.3.2.5 Ergebnisse zum auditiven Gedächtnis

Die Kinder der Kontrollgruppe scheinen keine Probleme beim Erbringen von Leistungen zu haben, die vor allem auf einem gut funktionierendem Gedächtnis beruhen. So haben 76% der Schüler dieser Gruppe keine Probleme, Verse und Reime auswendig zu lernen und wiederzugeben. Etwa jeder 5. Schüler hat gelegentlich Schwierigkeiten Gedächtnisleistungen zu erbringen, wie z.B. die Wiedergabe von Sätzen, die mehr als sechs Wörter erhalten, oder auch bei der Zahlenreihe (s. Anhang).

Bei Kindern mit Befund in der Differenzierungsprobe II ist die Wahrscheinlichkeit, dass das auditive Gedächtnis in seiner Leistung beeinträchtigt ist, erhöht. Während in der Kontrollgruppe 76% der Schüler keine Probleme beim Auswendiglernen oder Wiedergeben von Versen oder Gedichten hat, trifft das nur noch auf 58% dieser Gruppe zu. Etwa jeder 6. Schüler zeigt bei diesen Leistungen gelegentlich Schwierigkeiten. Dagegen steigt der Wert derjenigen Schüler, die oft Probleme haben von 1,2% auf 12,1%, also um das Zehnfache, Schüler, die damit immer überfordert sind, erreichen einen prozentualen Anteil von nahezu 13%. Damit hat jeder 4. Schüler große Probleme, regelmäßig Leistungen zu erbringen, die auf dem Gedächtnis beruhen.

Kinder mit einfachem Befund in der Differenzierungsprobe II haben mit einer erhöhten Wahrscheinlichkeit Probleme bei dem Erbringen von Leistungen, die vornehmlich von einem guten funktionierenden auditiven Gedächtnis abhängig sind. Das Risiko, dass die Wiedergabe von Versen, Reimen und auch Zahlrenreihe, ebenso wie das Aufsagen von größeren und längeren Sätzen problembehaftet ist, erhöht sich deutlich. Während 1,2%

der Schüler ohne AWS oft damit Probleme haben, sind es in der Gruppe mit einfachem Befund 7,0%, also sechsmal so viel Schüler. 10,1% der Schüler werden von ihren Klassenlehrerinnen immer mit Schwierigkeiten beobachtet.

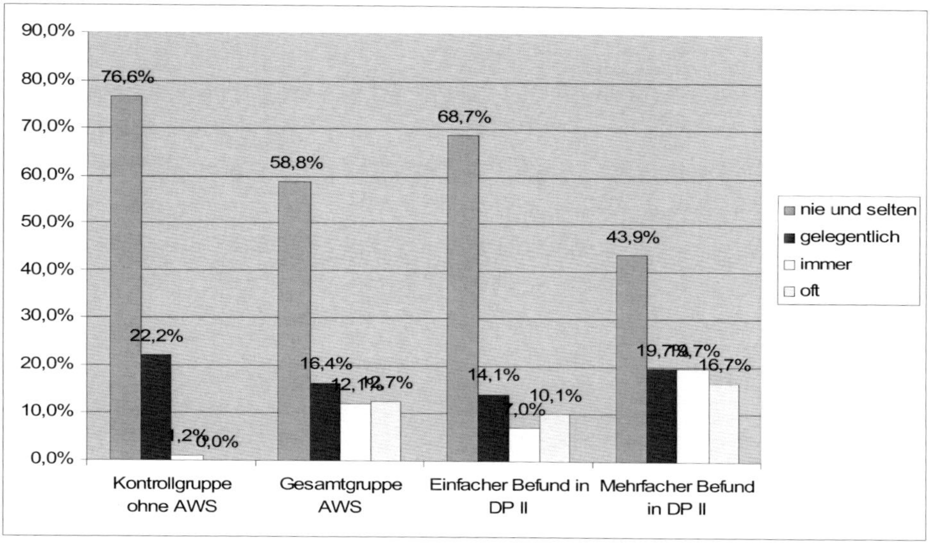

Tabelle 7: Mittelwerte – Gedächtnis

Nicht einmal jedes 2. Kinder der Gruppe mit mehrfachem Befund in der Differenzierungsprobe II kann ohne Probleme Leistungen erbringen, die auf dem auditiven Gedächtnis beruhen. Der prozentuale Anteil bei Kindern ohne AWS sinkt von 76,6% auf 43,9%. Der Anteil der Schüler, die gelegentliche Schwierigkeiten, bleibt mit 19,7% zu 22,2% in etwa konstant. Dagegen haben 19,7% der Schüler oft, weitere 16,7% der Schüler immer Schwierigkeiten. Setzt man diese 36,6% der Schüler mit mehrfachem Befund in Relation zu den Schülern ohne AWS, hat sich der Anteil um das Dreißigeinhalbfache erhöht. Damit scheint die Kapitel 8.2.1. aufgestellte Hypothese 1 bestätigt zu sein.

8.3.2.6 !Ergebnisse zu Lern- und Leistungsvermögen

Die Mittelwerte der Kontrollgruppe ohne AWS im Bereich des Lern- und Leistungsvermögens sind nahezu identisch mit den Ergebnissen zum Bereich des Gedächtnisses. Dreiviertel aller Schüler haben keine Defizite im allgemeinen Lern und Leistungsvermögen. Ähnlich verhält es sich, wenn man die Ergebnisse der Gesamtgruppe AWS zu Lern- und Leistungsvermögen mit den Ergebnissen zu Gedächtnis vergleicht. So werden 55,8% der

Schüler aus der Gesamtgruppe AWS ohne Defizite im allgemeinen Lern- und Leistungsvermögen von der Klassenlehrerinnen beobachtet. Dagegen steigt der Anteil der Schüler, die oft einen Leistungsabfall haben, von 2,5% auf 13,3% und verfünfacht sich damit. Bei weiteren 10,3% ist immer ein Leistungsabfall beobachtbar. Damit hat jeder 4. Schüler immense Probleme, auf ein konstantes Lern- und Leistungsvermögen zuzugreifen.

Schüler mit einfachem Befund haben im Vergleich zur Kontrollgruppe ein erhöhtes Risiko, auf kein konstantes Lern- und Leistungsvermögen zurückgreifen zu können. Zwar werden bei zwei Drittel dieser Schülergruppe kein Abfall in diesem Bereich beobachtet, bei weiteren 16,2% geschieht dies nur gelegentlich, dennoch erhöht sich der Anteil der Schüler, bei denen dies oft beobachtbar wird, von 2,5% auf 9,1%. Bei Schülern, die immer einen Lern- und Leistungsabfall haben, auf 7,1%. Zusammen sind das 16,2% der Schüler, die sich mit dieser Problematik auseinandersetzen müssen.

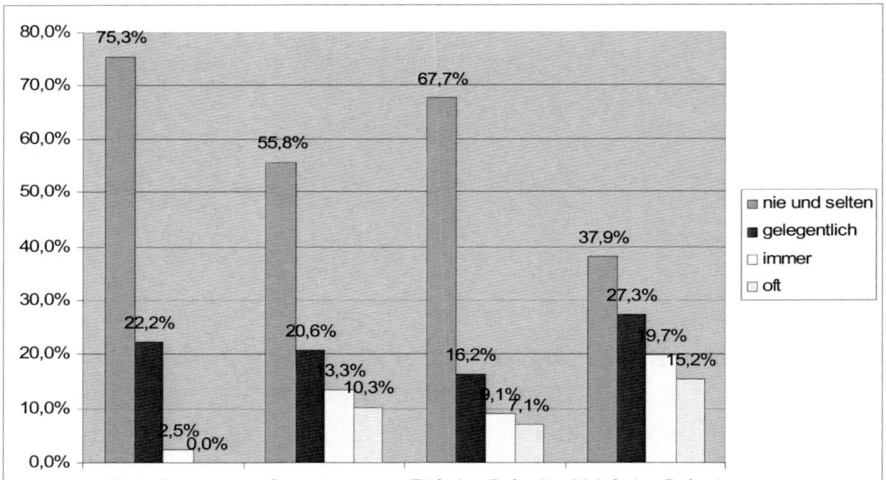

Tabelle 8: Mittelwerte – Lern- und Leistungsvermögen

In der Kontrollgruppe werden Dreiviertel aller Schüler ohne Leistungsabfall von ihren Klassenlehrerinnen beobachtet. In der Gruppe mit einfachem Befund sind es zwei Drittel aller Schüler. In der Gruppe mit mehrfachem Befund ist es nur noch jeder 3. Schüler. Auditive Wahrnehmungsstörungen scheinen sich massiv auf das allgemeine Lern- und

Leistungsvermögen auszuwirken. Jeder 4. Schüler dieser Gruppe hat gelegentliche Probleme, dagegen wird bei jedem 3. Schüler ein reduziertes Lern- und Leistungsvermögen verzeichnet. Auch beim Lern- und Leistungsvermögen ist die in Kapitel 8.2.1. aufgestellte Hypothese 1 bestätigt.

8.3.2.7 Ergebnisse zur Rechtschreib- und Leseleistung

Bei den Schüler der Kontrollgruppe scheint sich der Lese- und Rechtschreiberwerb erwartungsgemäß zu entwickeln. So scheint sich bei dieser Schülergruppe die Phonologische Bewusstheit als Voraussetzung für den Lese- und Rechtschreiberwerb, sowohl im engeren als auch im weiteren Sinne, altersentsprechend entwickelt zu sein. Klangähnliche Reime und Wörter werden differenziert wahrgenommen und auch Syntheseleistungen und erste Leseleistungen können altersentsprechend erbracht werden. Die Schüler dieser Gruppe verfügen über einen altersgemäßen Wortschatz und können sich verbal adäquat äußern. Auch das für das Leseverstehen notwendige Erfassen rhythmischer Strukturen von Wörtern, Sätzen, Versen und Reimen ist gut entwickelt. Bei 76,1 % aller Schüler dieser Gruppe gibt es bei diesen für den Lese- und Rechtschreiberwerb notwendigen Basiskomponenten keine Schwierigkeiten, bei 22,2% sind gelegentlich Schwächen feststellbar.

Anders stellt es sich bei Kindern mit auditiven Wahrnehmungsstörungen dar. Diese Kinder haben größere Probleme, klangähnliche Wörter und Reime differenziert wahrzunehmen, so dass es häufiger zu Verwechslungen kommt. Das Risiko, dass das zusammenlautende Lesen von Buchstaben nicht immer gelingt , dass sie über einen reduzierten Wortschatz und die nur über eine eingeschränkte Fähigkeit verfügen, sich angemessen auszudrücken, ist wesentlich höher als in der Kontrollgruppe. Ein erhöhtes Risiko ist ebenso beim stillen Lesen festzustellen, ebenso wie der Umstand, dass das altersentsprechende Lesen häufiger nicht gegeben ist. Schüler haben dazu häufiger Probleme, rhythmische Strukturen zu erfassen. Dies erschwert die Sinnentnahme beim Lesen und kann sich ebenso nachteilig auf den Schreiberwerb auswirken. Nur 56,1% der Gesamtgruppe AWS hat keine Mängel in den erfragten Bereichen, bei 17,7% tauchen gelegentlich Schwierigkeiten auf. Der prozentuale Anteil der Schüler, die oft, bzw. immer Schwierigkeiten im Lese- und Rechtschreiberwerb haben, erhöht sich von 1,6% auf zusammen 22,6%. Die Wahrscheinlichkeit, dass Kinder mit auditiven Wahrnehmungsstörungen sowohl mit Probleme beim Lese- und Rechtschreiberwerb, als auch beim späteren Lesen und Schreiben haben, ist um das Vierzehnfache höher.

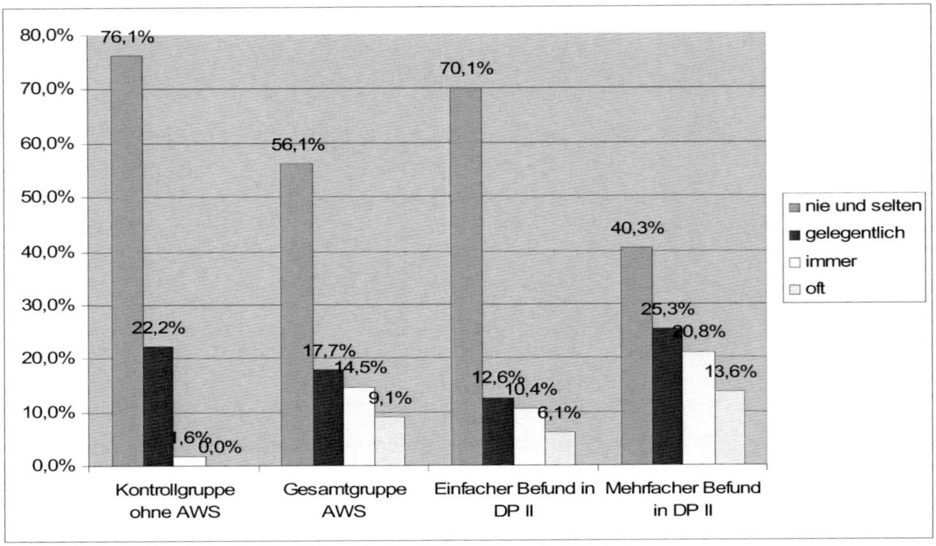

Tabelle 9: Mittelwerte – Rechtschreib- und Leseleistungen

Auch bei der Lese- und Rechtschreibleistung gibt es Unterschiede zwischen Kindern mit einfachem und mehrfachem Befund in der der Differenzierungsprobe II. So haben Kinder mit einfachem Befund zu 70,1% keine Schwierigkeiten beim Erwerb dieser elementaren Kulturtechniken. Im Gegensatz zu Kindern mit mehrfachem Befund in der Differenzierungsprobe II, bei denen dies nur auf 40,3% der Schüler zutrifft. Die Tendenz zu Schwierigkeiten im Erwerb äußert sich auch im Anteil der Schüler, die gelegentlich Schwierigkeiten haben: von 12,6% der Kinder, die einen einfachen Befund, zu 25,3% der Kinder, die einen mehrfachen Befund in der Differenzierungsprobe II hatten. Dasselbe gilt auch für Kinder, die oft sich oft mit Schwierigkeiten im Lese- und Rechtschreiberwerb auseinandersetzen müssen. Hier steigt der Anteil der Schüler von 10,4% auf 20,8% und verdoppelt sich damit. Einen etwas höheren Steigerungswert ist bei Kindern feststellbar, die immer mit Problemen im Lese- und Rechtschreiberwerb zu tun haben: auch hier verdoppelt sich der Anteil der Schüler von 6,1% auf 13,6%. Im Vergleich zu den Kindern der Kontrollgruppe, in der lediglich 1,6% der Kinder beobachtet werden, die oft Probleme im Lese- und Rechtschreiberwerb haben, haben 34,4% der Schüler mit mehrfachem Befund in der Differenzierungsprobe II massive Probleme. Damit erhöht sich die Wahrscheinlichkeit, diese Kulturtechniken nicht ausreichend auszubilden und dauerhafte Einbußen beim Lesen und Schreiben zu haben, um das Einundzwanzigeinhalbfache. Damit ist die in Kapitel 8.2.1. aufgestellte Hypothese 1 bestätigt.

8.3.2.8 Ergebnisse zur Emotionalität

Schüler ohne auditive Wahrnehmungsstörungen haben keine Schwierigkeiten, Gefühlsäußerungen zu deuten und Stimmungsveränderungen, die über den auditiven Kanal wahrgenommen werden, richtig einzuschätzen. Musikalische Stücke können als heiter, traurig, beruhigend usw. wahrgenommen werden. In der Kontrollgruppe verfügen 80,2% über eine gute auditive Wahrnehmung, bei 17,3% der Schüler kommt es gelegentlich zu Fehleinschätzungen. Nur 2,5% der Schüler haben öfters Probleme, emotionale Inhalte auditiv zu erfassen und richtig einzuschätzen.

In der Gesamtgruppe AWS sind Einbußen beim richtigen Erfassen von emotionalen Inhalten beobachtbar. Der Anteil der Schüler, die emotionale Inhalte immer richtig erfassen, reduziert sich von 80,2% auf 58,8%. Der Anteil der Schüler, die Stimmungen und Emotionen nicht richtig einschätzen, erhöht sich von 17,3% auf 43,2%. Bei Kindern, die oft Schwierigkeiten beim Erfassen dieses Bereiches haben, steigt der prozentuale Anteil von 2,5% auf 6,1% um das Zweieinhalbfache. Kinder, die immer Probleme haben, Stimmungen und Emotionen richtig zu deuten, liegen bei 1,8%. Beim Vergleich der Ergebnisse der Gruppe mit einfachem Befund und der Gruppe mit mehrfachem Befund in der Differenzierungsprobe II fällt auf, dass eine Verschiebung von Kindern stattfindet, die nie oder selten Probleme mit der Wahrnehmung emotionaler Inhalte und Stimmungen haben, zu Schülern, die gelegentlich Schwierigkeiten bei der Erfassung derselben haben. Der prozentuale Anteil der Kinder, die oft oder immer Probleme haben, hält sich in derselben Größenordnung. Dennoch ist dieser Anteil um ein das Zweinhalb- bis Vierfache höher als bei Kindern ohne AWS. Damit ist die in Kapitel 8.2.1. aufgestellte Hypothese nur bedingt zutreffend. Kinder mit AWS unterscheiden sich nicht grundlegend von Kindern ohne AWS. Es ist lediglich die Tendenz festzustellen, dass Kinder etwas größere Schwierigkeiten haben, emotionale Inhalte und Stimmungen richtig zu erfassen und zu interpretieren.

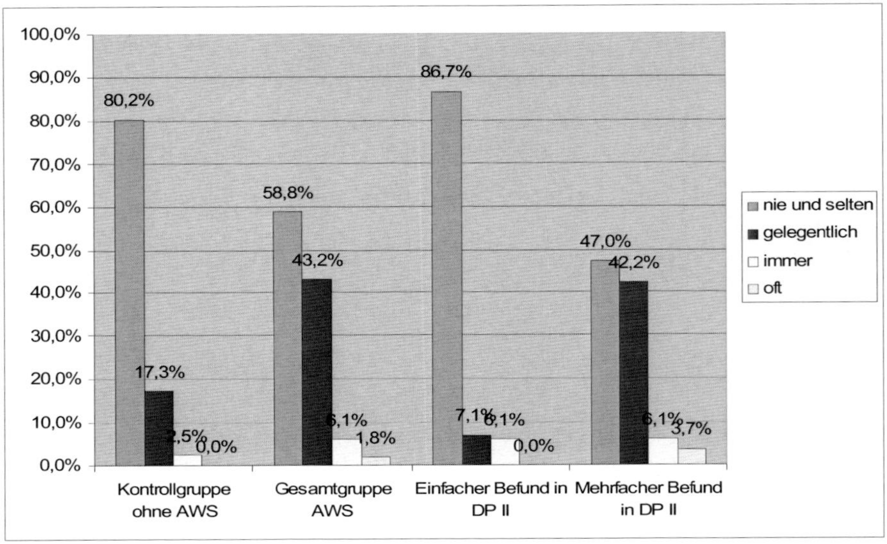

Tabelle 10: Mittelwerte – Emotionalität

8.3.2.9 Ergebnisse zum Sozialverhalten und Einbindung in die Klasse

Mit 70,4% hat zeigt Großteil der Klasse keine Auffälligkeiten im Bereich Sozialverhalten und Einbindung in die Klasse. 20,4% der Schüler fallen gelegentlich durch erhöhte Sprechlautstärke und starke visuelle Orientierung auf. 7,4% der Schüler fallen oft durch eine nicht adäquat regulierte Sprechlautstärke und visuelle Orientierung auf, 1,9% der Schüler immer.

Jedes 2. Kind mit auditiven Wahrnehmungsstörungen zeigt ein unauffälliges Verhalten in diesem Bereich, jedes 4. Kind ist gelegentlich auffällig. Jedes 6. Kind wird von seiner Klassenlehrerin oft mit erhöhter Sprechlautstärke oder visueller Orientierung am Klassenkamerad beobachtet, jedes 10. Kind immer.

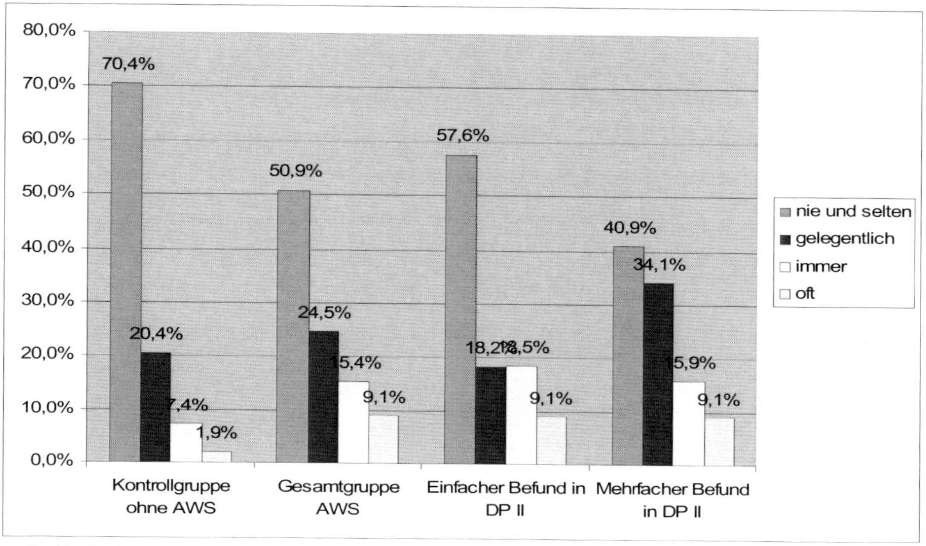

Tabelle 11: Mittelwerte – Sozialverhalten und Einbindung in die Klasse

Die Ergebnisse der Gruppe mit einfachem und mehrfachem Befund in der Differenzierungsprobe II sind ähnlich. Lediglich bei Schülern, die gelegentlich auffallen gibt es eine Verschiebung um beinah das Doppelte von 18,2% auf 34,1%, sowie eine leichten Rückgang von Schülern, die nie auffallen, von 57,69% auf 40,3%. Der Anteil der Schüler, die oft oder immer auffallen, bleibt in derselben Größenordnung. Die Wahrscheinlichkeit, dass Kinder mit auditiven Wahrnehmungsstörungen im Vergleich zu den Kindern der Kontrollgruppe oft oder immer auffallen, steigt um das Drei-bis Sechsfache.

Kinder mit auditiven Wahrnehmungsstörungen haben ein deutlich erhöhtes Risiko, durch unangemessen Sprechlautstärke und starke visuelle Orientierung an ihren Klassenkameraden aufzufallen. Damit scheint die in Kapitel 8.2.1. aufgestellte Hypothese 1 bestätigt.

9 Diskussion

Ziel dieser Arbeit war es, grundsätzlich darzustellen, wobei es sich um auditive Wahrnehmung handelt und welche Bedeutung diese für uns hat, insbesondere welche Bedeutung die auditive Wahrnehmung im schulischen Kontext einnimmt.

9.1 Zusammenfassung

Auditive Wahrnehmungsstörungen führen zu mannigfaltigen Auffälligkeiten im schulischen Bereich. Zwar wurden bereits von vielen Autoren auffällige Erscheinungsbilder genannt und beschrieben, eine empirische Überprüfung hat dennoch noch nicht stattgefunden. Eine Ausnahme stellt hierzu die Legasthenie-Forschung dar. So wird Legasthenie als Teilleistungsstörungen beschrieben, die auf einer defizitären Wahrnehmungsfähigkeit akustischer Strukturen beruht [Barth 1999; Firnhaber 1996; Suchodoletz, Alberti 2002; Suchodoletz 2004 u. 2006; Tallal1980, 1984, 1993, 1997].

Um auditive Wahrnehmungsstörungen bei Schulkindern der ersten Klasse zu erfassen, wurde die Differenzierungsprobe II von Breuer und Weuffen (2002) herangezogen. Diese setzte sich aus fünf Subtests zusammen und überprüfte neben einer optischen Differenzierung vier auditive Wahrnehmungsleistungen. Die Kinder wurden einzeln getestet, dabei wurde auf den optischen Test der Differenzierungsprobe II verzichtet. Hatte ein Kind ein negatives Gesamtergebnis in einem der vier Subtest erreicht, wurde dies in dieser Studie als auditive Wahrnehmungsstörung gewertet. Für jedes Kind erhielt die jeweilige Klassenlehrerin einen Fragebogen, der zu verschiedenen Bereichen schulischen Lebens Frage enthält.

Die Fragen ergaben sich aus den Schilderungen in Kapitel 7. Aus den jeweiligen Schilderungen wurden für jeden dargestellten Bereich zwischen zwei und neun Fragen entwickelt, die für jeden Schüler von der Klassenlehrerin einzeln beantwortet werden mussten. Über diese Fragen sollten Beobachtungen über schulische Auffälligkeiten festgehalten werden, die vor allem auf der auditiven Wahrnehmungsqualität beruhen.
Um zu einer Materialverdichtung zu gelangen und den direkten Vergleich von Ergebnissen verschiedener Gruppen zu ermöglichen, wurden die Daten deskriptiv ausgewertet.

Die Ergebnisse scheinen einen signifikanten Zusammenhang von auditiven Wahrnehmungsstörungen und schulischen Auffälligkeiten aufzuzeigen. In allen Bereichen zeigt sich ein deutlicher Unterschied zwischen Kinder mit und ohne auditive Wahrnehmungsstörungen. Die Kinder wurden, um mehr Transparenz zu schaffen, in vier Gruppen unterteilt. Die Ergebnisse wurden vergleichend gegenübergestellt. Dies erbrachte folgende Einsichten:

Kinder, die in der Differenzierungsprobe II keinen Befund haben, scheinen im schulischen Kontext unauffällig. Der Großteil dieser Schüler ist unauffällig, eine kleine Varianz im auffälligen Bereich ist vorhanden

Fasst man alle Kinder mit auditiven Wahrnehmungsstörungen zusammen, sind deutliche Unterschiede erkennbar. So ist die Wahrscheinlichkeit, dass in den jeweiligen Bereichen Auffälligkeiten beobachtet werden, deutlich erhöht.

Wird die Gesamtgruppe der Kinder mit auditiven Wahrnehmungsstörungen differenziert in Kinder mit einfachem und mehrfachem Befund gegenübergestellt, zeigen sich interessante Unterschiede:

So scheinen Kinder, die in lediglich einem Subtest der Differenzierungsprobe II kein positives Gesamtergebnis erreicht haben, die auditive Wahrnehmungsstörung noch relativ gut kompensieren zu können. Zwar ist bei dieser Schülergruppe die Auftretenswahrscheinlichkeit von Auffälligkeiten im Vergleich zur Kontrollgruppe erhöht, scheint aber noch in einem tolerablen Bereich zu sein.

Anders stellt sich die Situation bei Kindern dar, die in der Differenzierungsprobe II in zwei oder mehr Subtests ein negatives Gesamtergebnis erreicht haben. Diese Schülergruppe hat ein vielfach höheres Risiko, in verschiedene Bereichen des schulischen Kontexts negativ aufzufallen. Hier scheint eine tiefergehende Diagnostik und eine therapeutische Behandlung dringend angebracht.

9.2 Resümee

Bisher gab es noch keine Studie, die auditive Wahrnehmungsstörungen in schulrelevanten Kontext untersuchte. Die vorliegende Arbeit zeigt mit Hilfe der Untersuchungsergebnisse der Differenzierungsprobe II von BREUER und WEUFFEN (2000) und des Fragebogens, dass es einen signifikanten Zusammenhang zwischen auditiven Wahrnehmungsstörungen und schulischen Auffälligkeiten gibt. So kann man feststellen, dass Schüler, die selbst nur in einem Subtest der Differenzierungsprobe II ein negatives Gesamtergebnis hatten, von ihren Klassenlehrerinnen mit vermehrten Auffälligkeiten bewertet wurden.

Da es sich bei der Differenzierungsprobe II nur um ein Screeningverfahren handelt und diese nicht standardisiert ist, lassen sich keine konkreten Zusammenhänge zwischen auditiven Wahrnehmungsstörungen und einzelnen Auffälligkeiten aufzeigen. Auch erklärt der Test nicht die Ursachen oder die einzelnen Teilfunktionsstörungen der auditiven Wahrnehmungsstörung.

Die Verwendung der Differenzierungsprobe birgt Vorteile und Nachteile. Die Vorteile der Differenzierungsprobe liegt in ihrem zeitlichen Aufwand, in der Abdeckung mehrere Leistungen der auditiven Wahrnehmung, sowie der Ablieferung reproduzierbare Ergebnisse [LGA 2003]. Die Nachteile der Differenzierungsprobe sind vielfältig: zum einem handelt es sich bei dieser lediglich um ein Screeningverfahren, das zwar ein breites Spektrum an auditiven Leistungen überprüft, eine differenzierte Aussage über die auditive Wahrnehmungsfähigkeit aber nicht zulässt. Die Differenzierungsprobe II differenziert nicht nach so genannten bottom-up-Leistungen und top-down-Prozessen. Es bleibt also offen, ob die erbrachten (Fehl-)Leistungen auf rein auditiven Wahrnehmungsleistungen, oder auf Faktoren wie Aufmerksamkeit, Vigilanz, Motivation u.ä. zurückzuführen sind. Fällt ein Kind in mehr als einem negativen Subtests mit einem negativem Gesamtergebnis auf, ist eine weitergehende audiologische und pädaudiologische Diagnostik anzuraten.

Die Verwendung und die Ergebnisse des Fragebogens müssen in zweierlei Hinsicht kritisch betrachtet werden. Zum einen gilt es, den Fragebogen selbst kritisch zu hinterfragen, zum anderen muss beachtet werden, dass der Fragebogen von den Klassenlehrerinnen ausgefüllt wird und damit subjektive Daten ergibt.

Die Problematik, die sich hier stellt, ist ähnlich der der Differenzierungsprobe II. Es muss bei den Fragen und den Ergebnissen kritisch hinterfragt werden, inwieweit die beobachteten Auffälligkeiten tatsächlich auf Defiziten in der auditiven Wahrnehmung beruhen, und inwieweit andere schulische und außerschulische Faktoren zu den erfragten Beobachtungen führen. Den Klassenlehrerinnen wurden die Instruktion erteilt, möglichst unbefangen und spontan auf die Fragen zu antworten und die Antworten nach ihren Erfahrungswerten entsprechend abzugeben. Bei den Antworten werden somit subjektive Einschätzungen über einzelne Schüler abgegeben. Die Ergebnisse der Antwortbögen sind somit keine objektiven Bewertungen und verweisen damit auch nicht auf einen gemeinsamen Maßstab. Faktoren, die die Antworten beeinflussen, sind Stereotypen in der Geschlechtswahrnehmung, individuelle Vorlieben und die „impliziten Persönlichkeitstheorie" [HOFER, 1975], die bestimmend für die Verhaltens- und Charaktererwartungen der Schüler ist. Der subjektive Gehalt der Daten relativiert sich dennoch mit der Größe der Stichprobe. Hierzu wird angenommen, dass mögliche Zusammenhänge zwischen Charakteristika der Kinder und den Bewertungen der Lehrer vernachlässigbar sind, wie z.B. die durchschnittlich bessere Bewertung von hübscheren Menschen.

Die gewonnenen Daten wurden deskriptiv ausgewertet. Das ist für eine aussagekräftige Darstellung jedoch nicht ausreichend. Die Auswertung enthält ebenso keine Aussagen über die statistische Relevanz der Ergebnisse. So werfen sich folgende Fragestellungen auf, die die Anwendung einer späteren Clusteranalyse rechtfertigen würden:

- wie ist der Zusammenhang zwischen den gefundenen Auffälligkeiten und den möglichen Ursachen, z.B. gibt es nicht nur direkte sondern auch indirekte Zusammenhänge?
- wie relevant sind die Ergebnisse bei einer Stichprobe von 82 Kindern?
- wie groß müsste die Stichprobe sein um einen bestimmten Grad an Relevanz zu erreichen?

9.3 Ausblick

Es soll in dieser Arbeit nicht darum gehen, entsprechende Diagnose- und Fördermöglichkeiten von Kindern mit auditiven Wahrnehmungsstörungen darzustellen, sondern vielmehr soll diese Arbeit dazu dienen und helfen, ein Problembewusstsein bei Pädagogen zu entwickeln. Viele schulische Auffälligkeiten können zumindest partiell durch Schwächen und Störungen im auditiven System erklärt werden.

Entsprechend geht es in dieser Arbeit nicht darum, (Grundschul-)Lehrer dazu aufzufordern, sich Diagnoseverfahren und Behandlungsmethoden für Kinder mit auditiven Wahrnehmungsstörungen anzueignen. Vielmehr soll das Wissen um Wahrnehmungsstörungen zu einem sensibilisierten Blick für schulische Auffälligkeiten und deren möglichen Ursachen führen. Sie sollen dem Lehrer ermöglichen, ein verbessertes Verständnis für den Schüler zu entwickeln.

Die auditive Wahrnehmungsproblematik ist im sonderpädagogischen Bereich, insbesondere der Sprachbehindertenpädagogik, schon lange bekannt. Entsprechend wird in diesem Bereich auch speziell auf auditive Wahrnehmungsstörungen gestestet und entsprechend gefördert. Grundschullehrer haben in den meisten Fällen weder Wissen, noch ein Problembewusstsein über auditive Wahrnehmungsstörungen. Die Untersuchungen des Landesgesundheitsamts Baden-Württemberg, sowie diese Studie haben gezeigt, dass ein nicht unbeträchtlicher Teil der Schüler im Grundschulbereich an auditiven Wahrnehmungsstörungen leidet. Da die Folgen von auditiven Wahrnehmungsstörungen von weitereichender Art sein können, scheint eine ausreichende Aus- und Weiterbildung während des Studiums zur Thematik Wahrnehmungsstörungen im Allgemeinen und auditiven Wahrnehmungsstörungen im Speziellen als sehr empfehlenswert. Dies gilt auch für Lehrkräfte, die eine Annäherung an die Thematik durch eine Fortbildung im Rahmen von schulpädagogischen Tagen erlangen können.

Insofern empfiehlt es sich, dass bei der Einschulung grundsätzlich jeder Schüler auf auditive Wahrnehmungsschwächen getestet wird, und dessen Ergebnis dem Lehrer bekannt sein sollte.

Diese Arbeit hat viel versprechende Ergebnisse erbracht. Nachfolgend könnte eine wissenschaftliche Fundierung dieser Ergebnisse den Stellenwert dieser Arbeit festigen. Gemäß dem Fall, dass sich die Ergebnisse einer möglichen Studie in derselben Qualität darstellen erneut ergeben würden, wäre ein pädagogisches Entgegenwirken angebracht. Hierbei kann es nur um individuelle Fördermaßnahmen in der Schule gehen, die jedoch erst entwickelt werden müssten. Es wäre die Aufgabe von nachfolgenden Untersuchungen, ob solche spezielle Fördermaßnahmen bei Kindern mit auditiver Wahrnehmungsproblematik als lohnend darstellen würden, oder ob diese den Rahmen schulpädagogischen Handelns sprengen würden.

ANHANG - TABELLEN

Befunde zu Mitarbeit und Verhalten

Kontrollgruppe ohne AWS – Mitarbeit und Verhalten

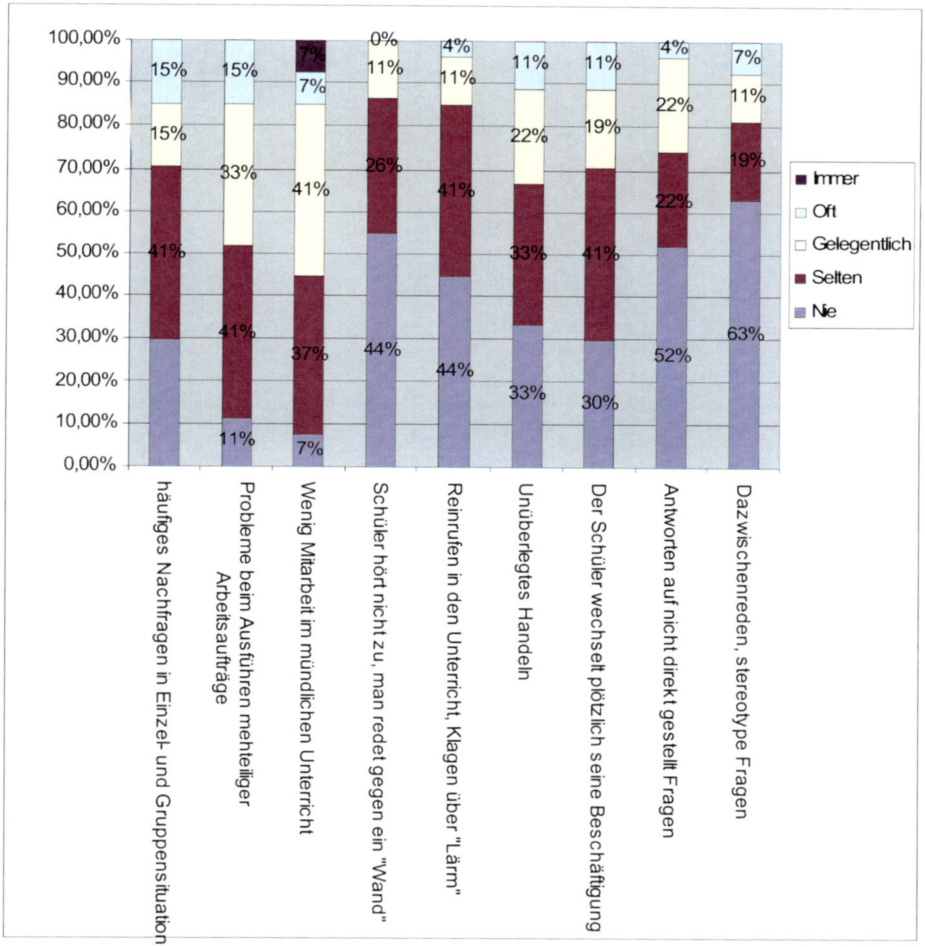

Tabelle 1, Kontrollgruppe, Mitarbeit und Verhalten, n = 27

Gesamtgruppe mit AWS – Mitarbeit und Verhalten

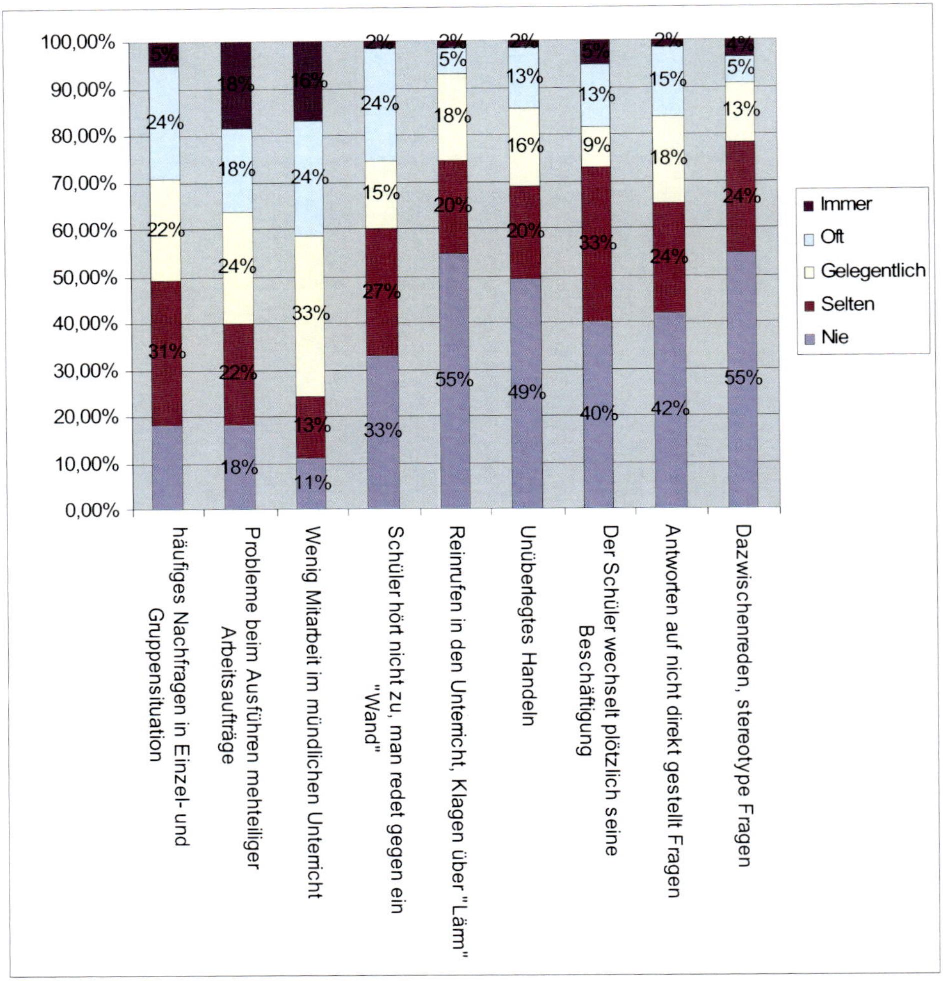

Tabelle 2: Gesamtgruppe AWS, Mitarbeit und Verhalten, n = 55

Kinder mit einfachem Befund in DP II – Mitarbeit und Verhalten

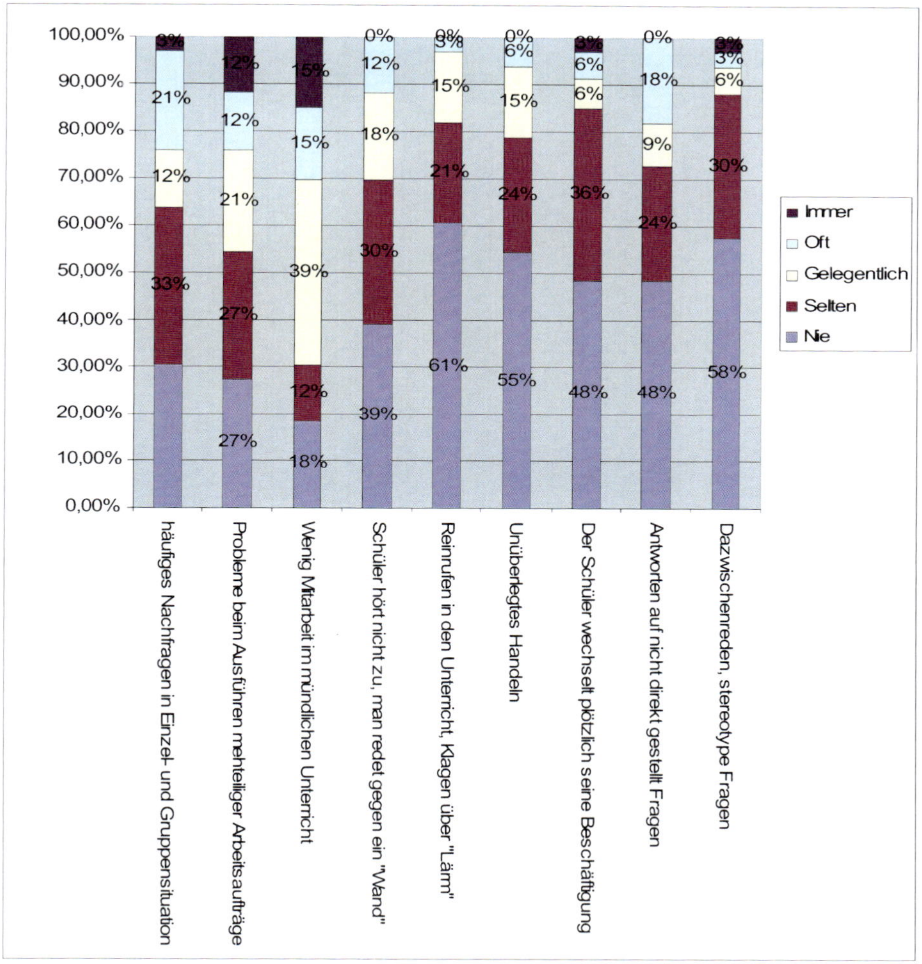

Tabelle 3: Kinder mit einfachem Befund in DP II – Mitarbeit und Verhalten, n = 33

Kinder mit mehrfachem Befund in DP II – Mitarbeit und Verhalten

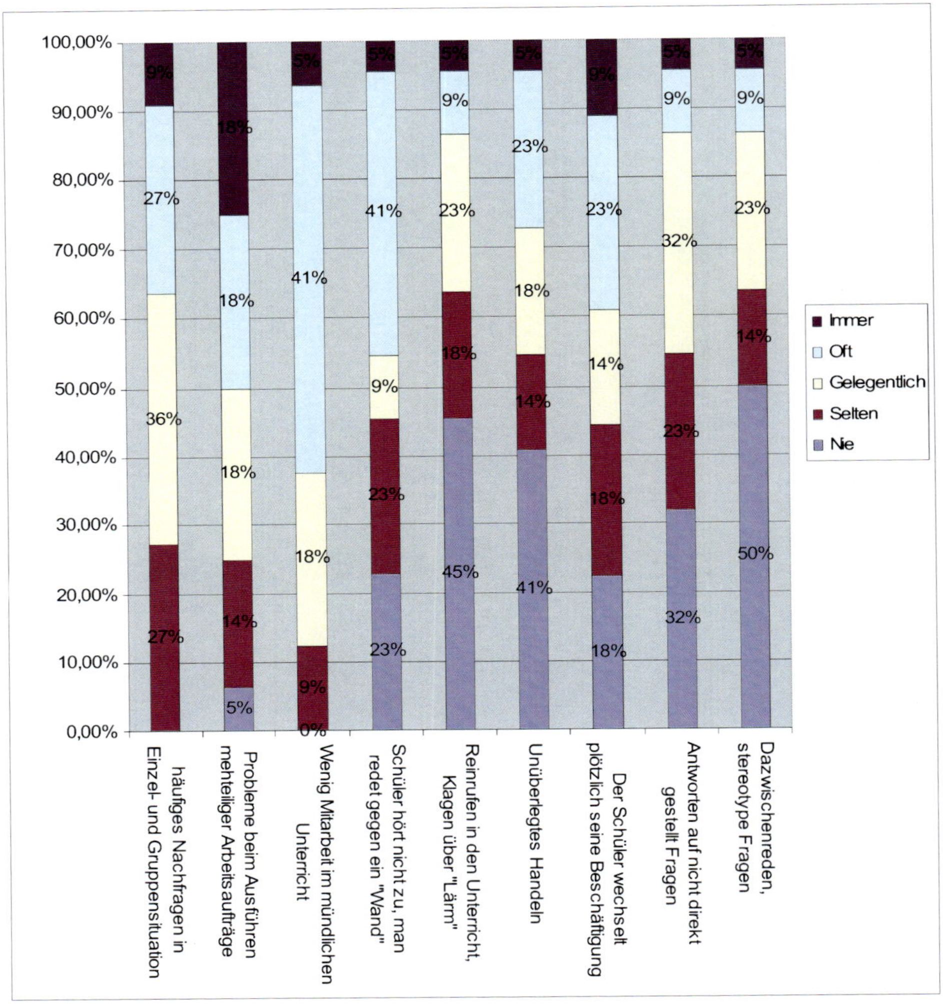

Tabelle 4: Kinder mit zwei- und mehrfachem Befund in DP II – Mitarbeit und Verhalten, n= 22

Befunde zu Störschall – Nutzschall

Kontrollgruppe ohne AWS – Störschall – Nutzschall

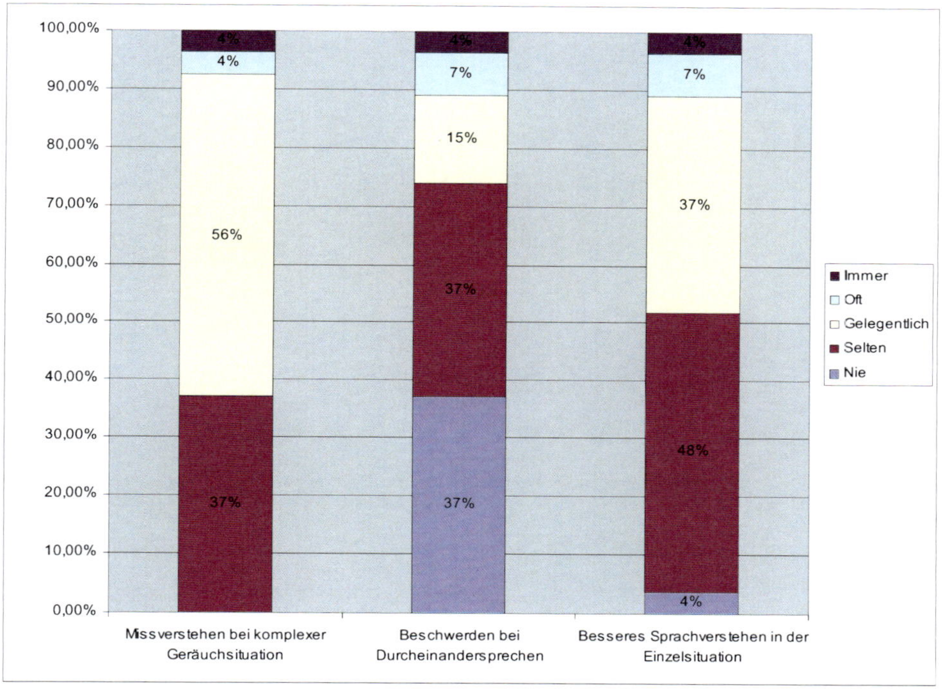

Tabelle 5: Kontrollgruppe ohne AWS, Störschall – Nutzschall, n = 22

Gesamtgruppe AWS – Störschall – Nutzschall

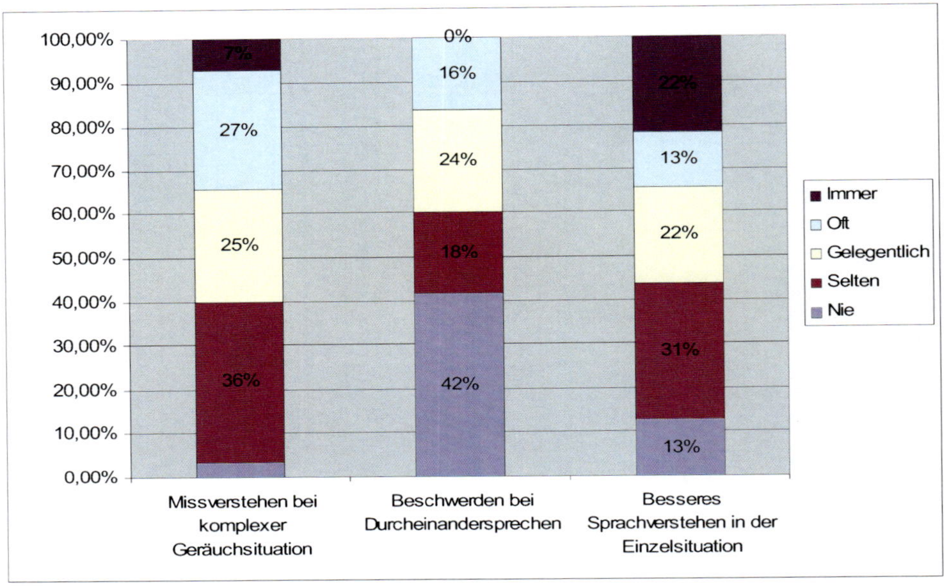

Tabelle 6: Gesamtgruppe AWS, Störschall – Nutzschall, n = 55

Kinder mit einfachem Befund in DP II – Störschall – Nutzschall

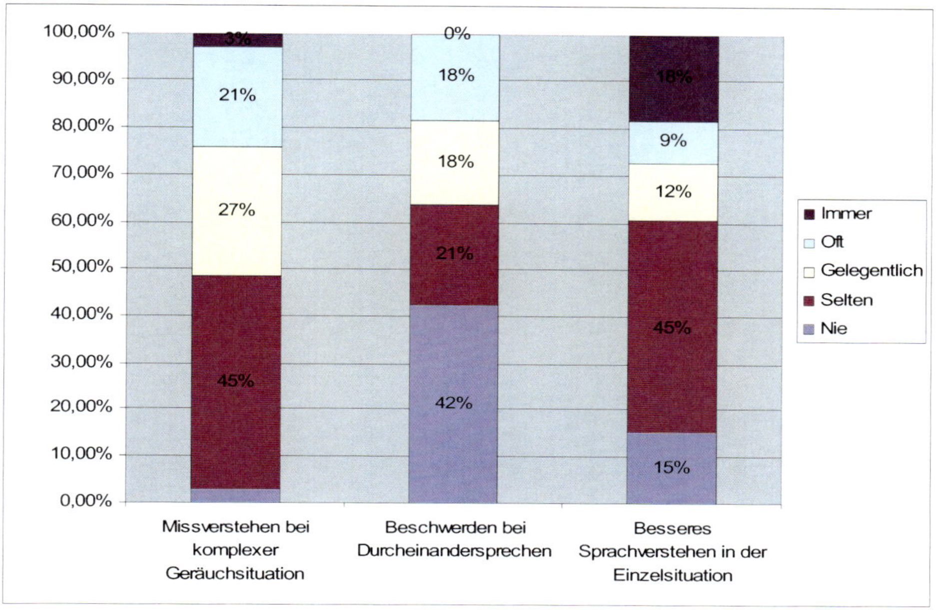

Tabelle 7: Kinder mit einfachem Befund, Störschall – Nutzschall, n = 33

Kinder mit mehrfachem Befund in DP II – Störschall – Nutzschall

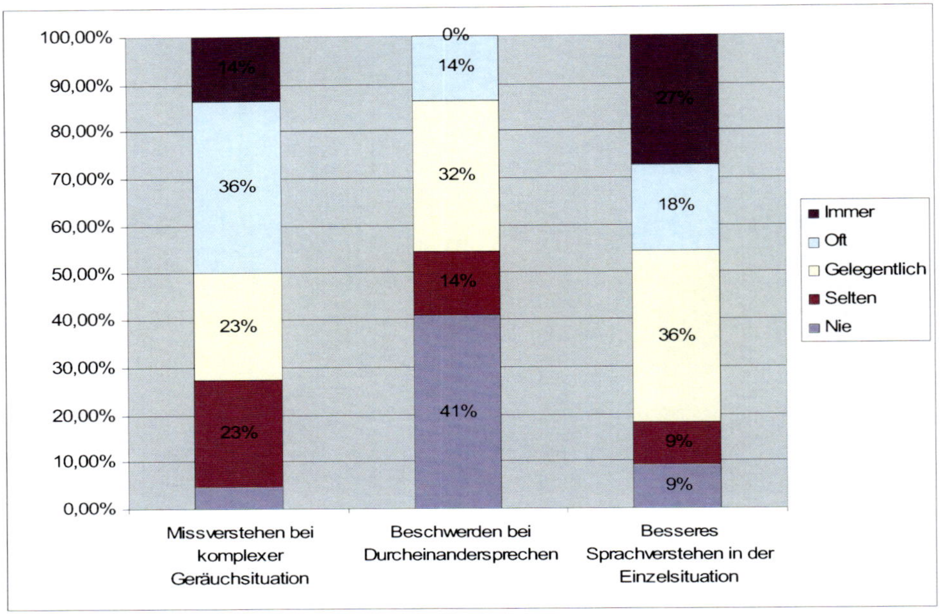

Tabelle 8: Kinder mit zwei- und mehrfachem Befund in DP II, Störschall – Nutzschall , n= 22

Befunde zu Aufmerksamkeit, Konzentration und Motivation

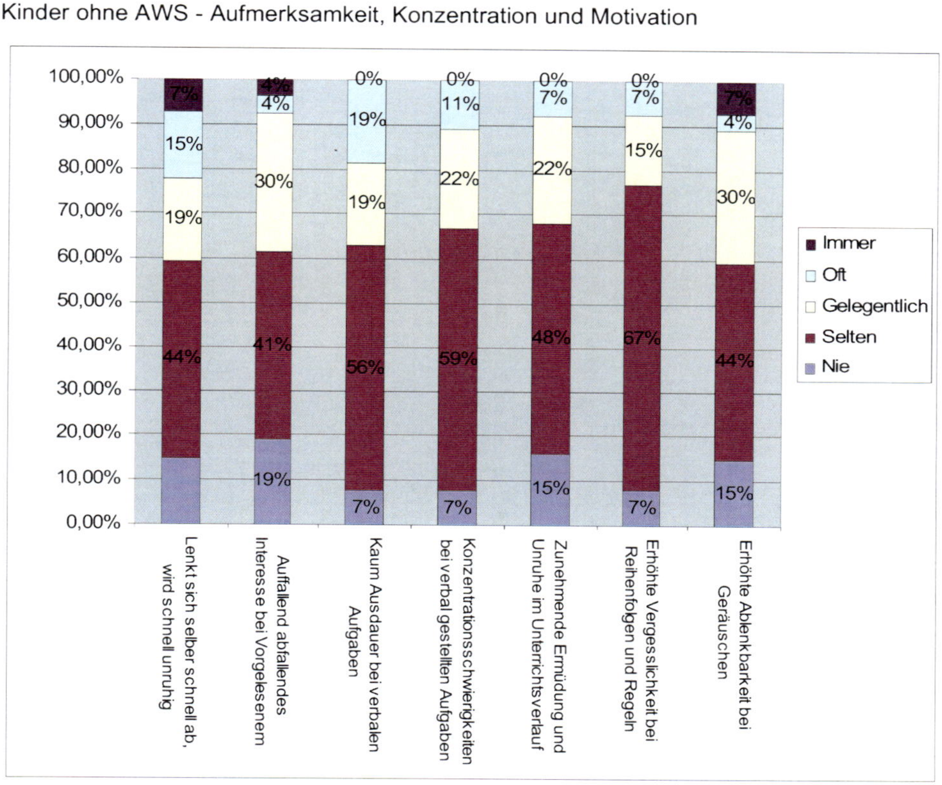

Tabelle 9: Kontrollgruppe, Aufmerksamkeit, Konzentration und Motivation, n = 27

Gesamtgruppe AWS - Aufmerksamkeit, Konzentration und Motivation

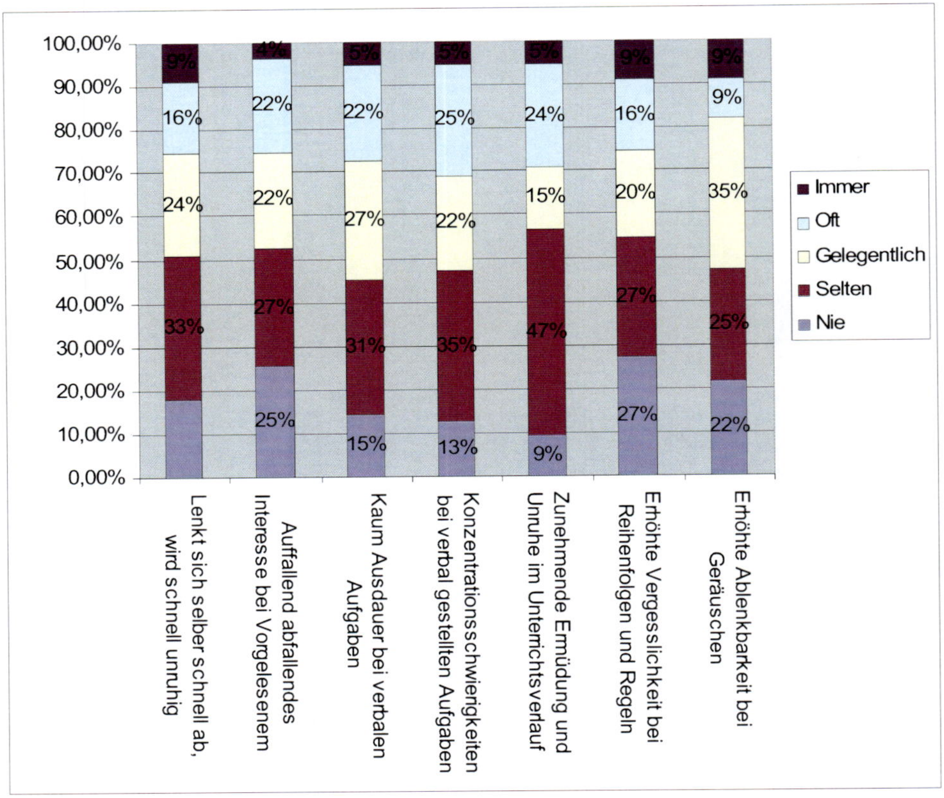

Tabelle 10: Gesamtgruppe AWS, Aufmerksamkeit, Konzentration und Motivation, n = 55

Kinder mit einfachem Befund in DPII - Aufmerksamkeit, Konzentration und Motivation

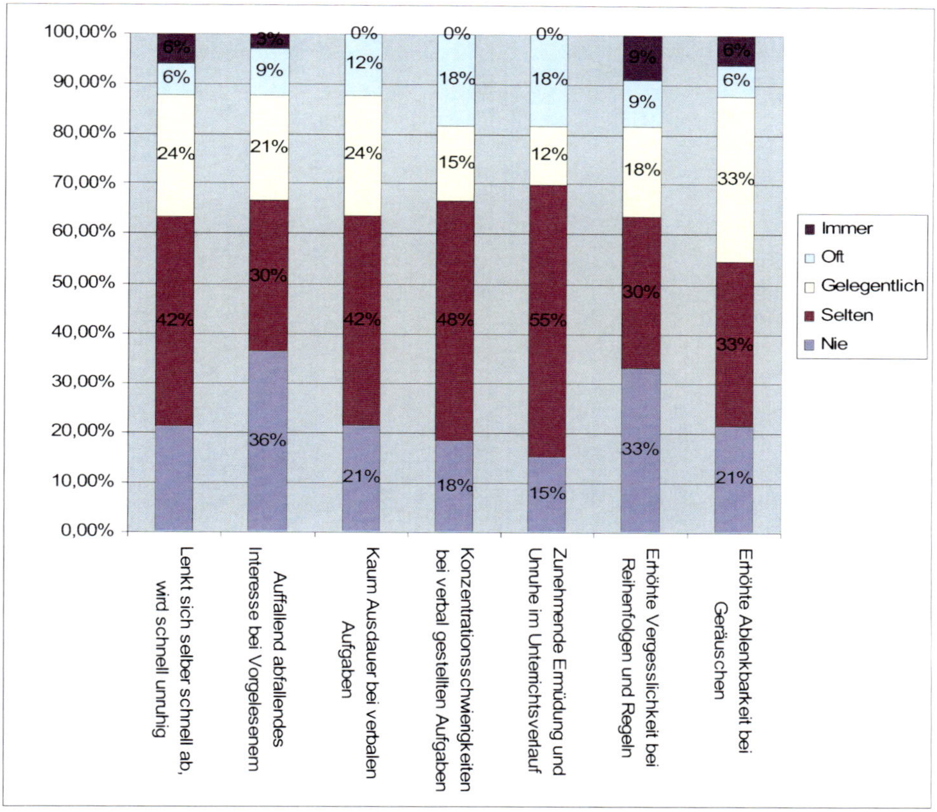

Tabelle 11: einfacher Befund, Aufmerksamkeit, Konzentration und Motivation, n = 33

Kinder mit mehrfachem Befund in DP II - Aufmerksamkeit, Konzentration und Motivation

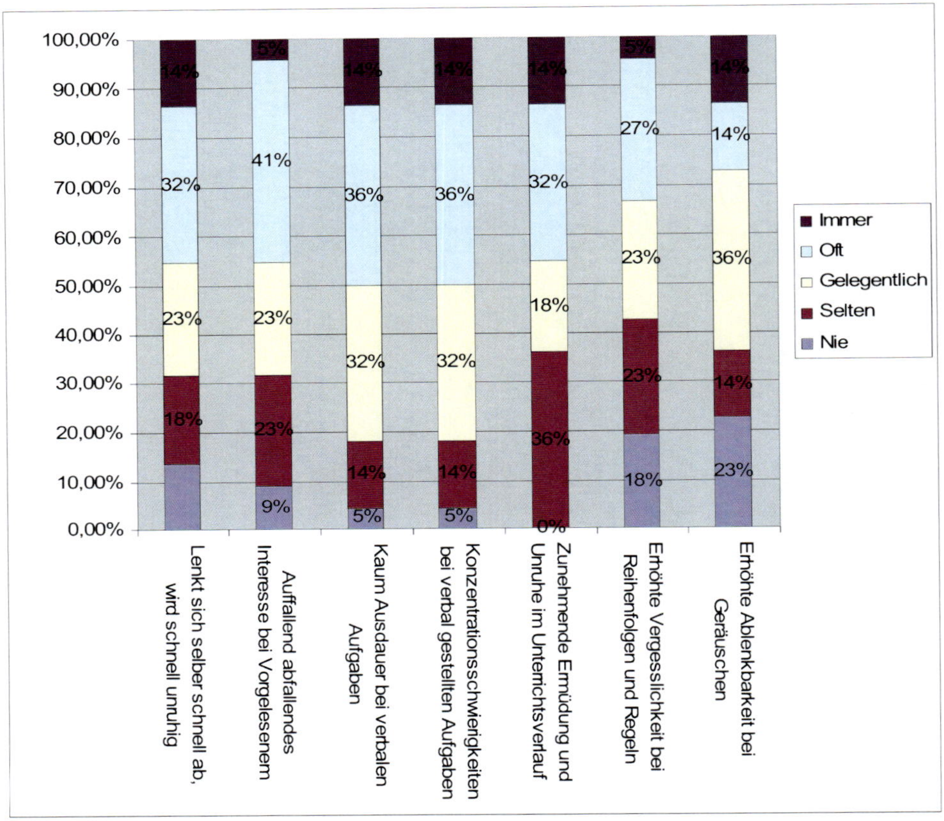

Tabelle 12: mehrfacher Befund, Aufmerksamkeit, Konzentration und Motivation, n = 22

Befunde zu Gedächtnis

Kontrollgruppe ohne AWS – Gedächtnis

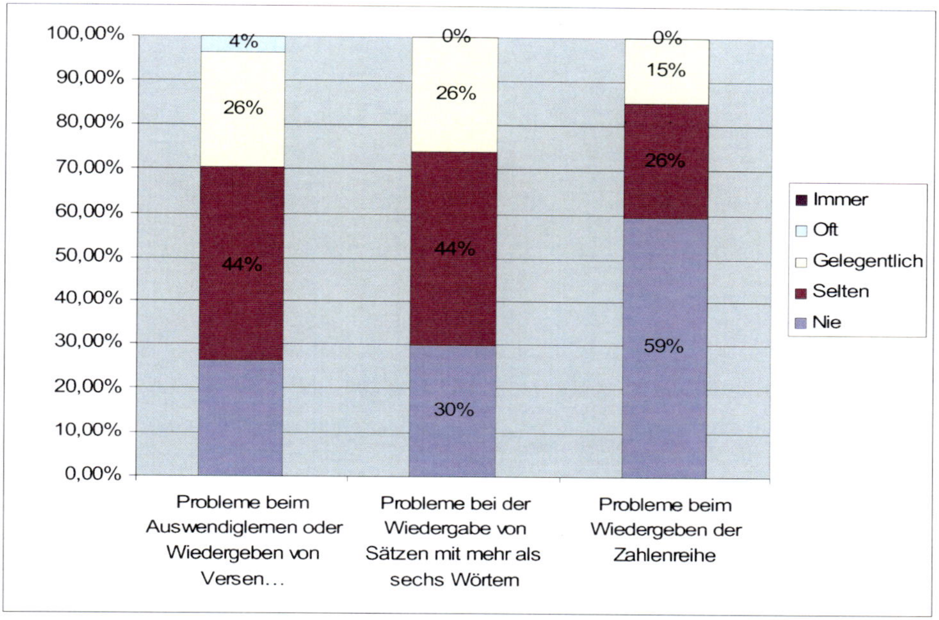

Tabelle 13: Kontrollgruppe, Gedächtnis, n = 27

Gesamtgruppe AWS – Gedächtnis

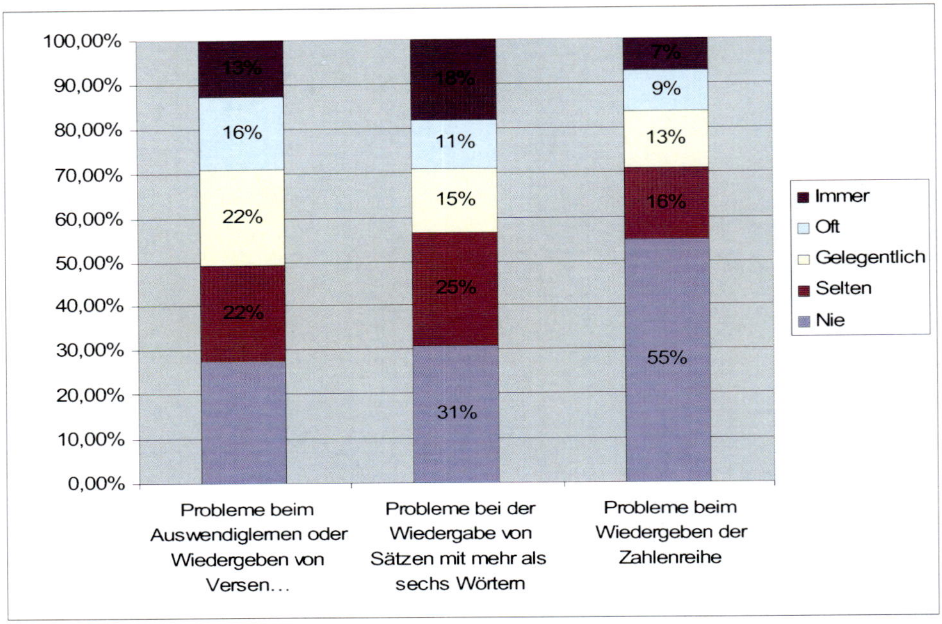

Tabelle 14: Gesamtgruppe AWS – Gedächtnis, N = 55

Kinder mit einfachem Befund in DPII – Gedächtnis

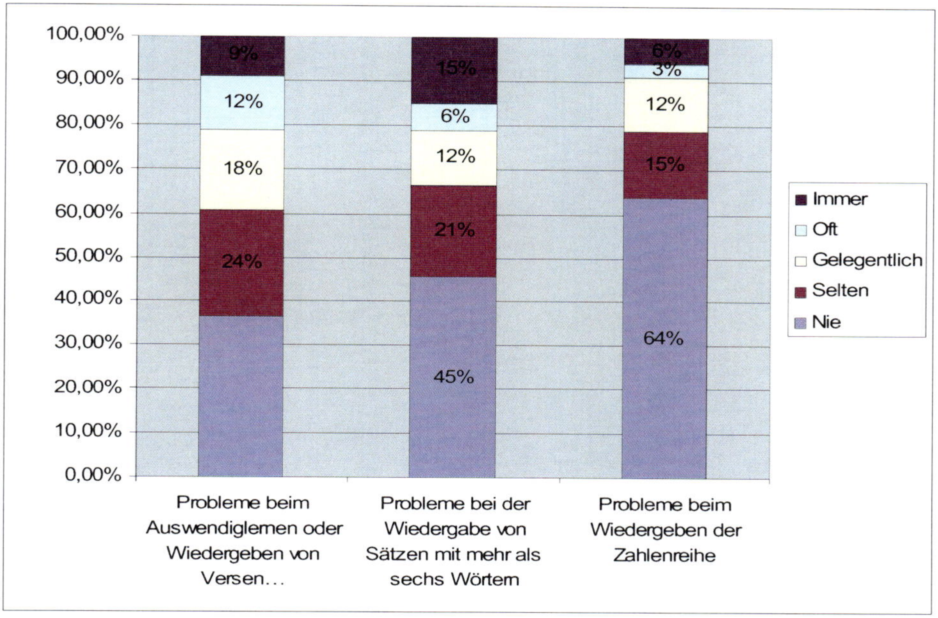

Tabelle 15: einfacher Befund, Gedächtnis, n = 33

Kinder mit mehrfachem Befund in DP II – Gedächtnis

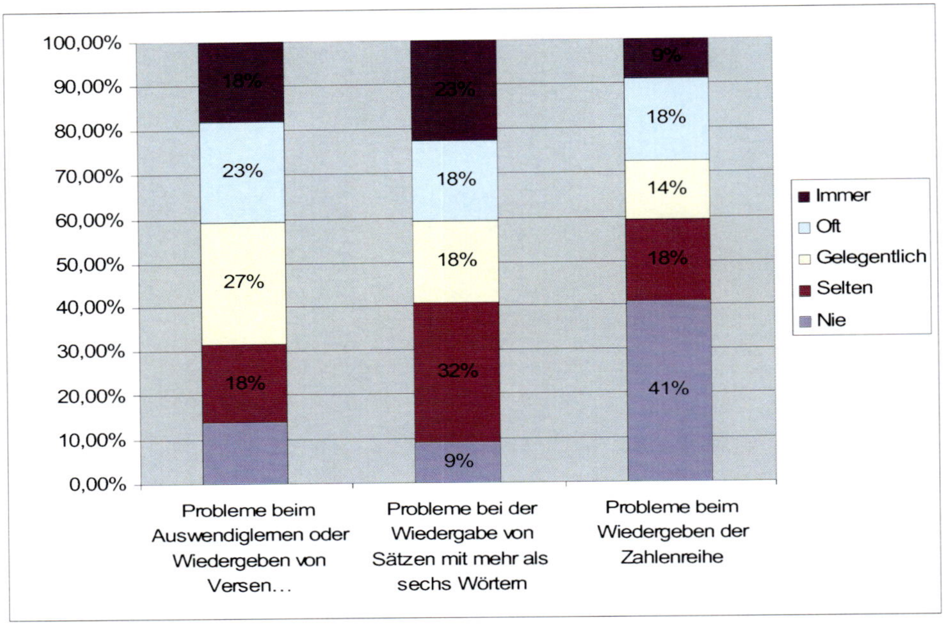

Tabelle 16: mehrfacher Befund, Gedächtnis, n = 22

Befunde zu Lern- und Leistungsvermögen

Kontrollgruppe ohne AWS – Lern- und Leistungsvermögen

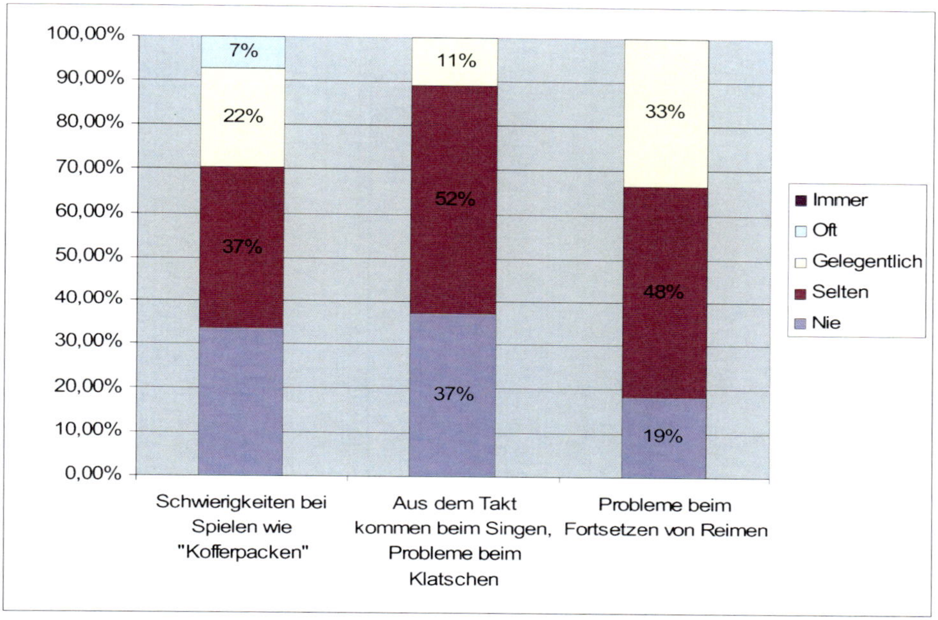

Tabelle 17: Kontrollgruppe, Lern- und Leistungsvermögen, n = 27

Gesamtgruppe AWS – Lern- und Leistungsvermögen

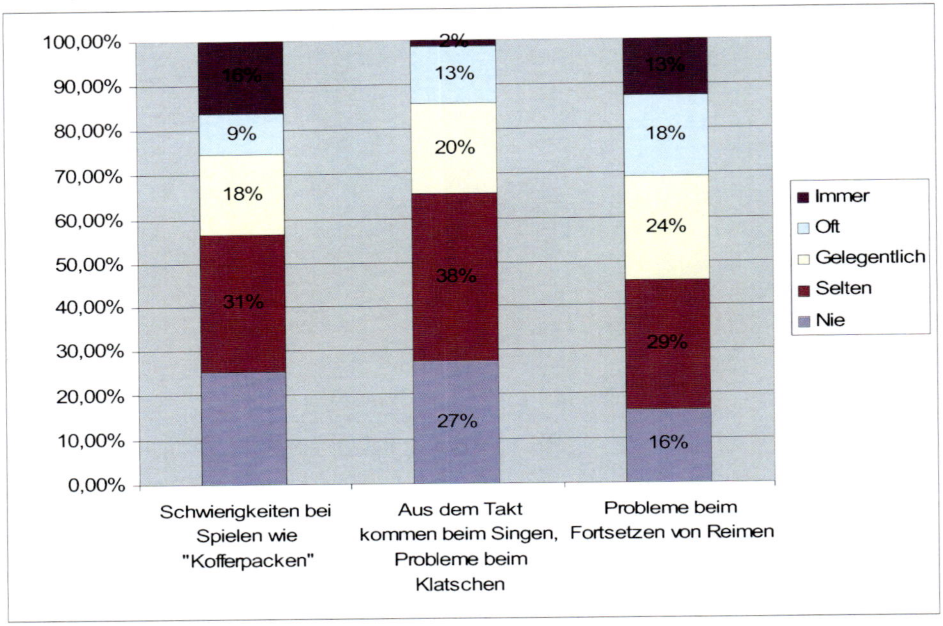

Tabelle 18: einfacher Befund, Lern- und Leistungsvermögen, n = 55

Kinder mit einfachem Befund in DPII – Lern- und Leistungsvermögen

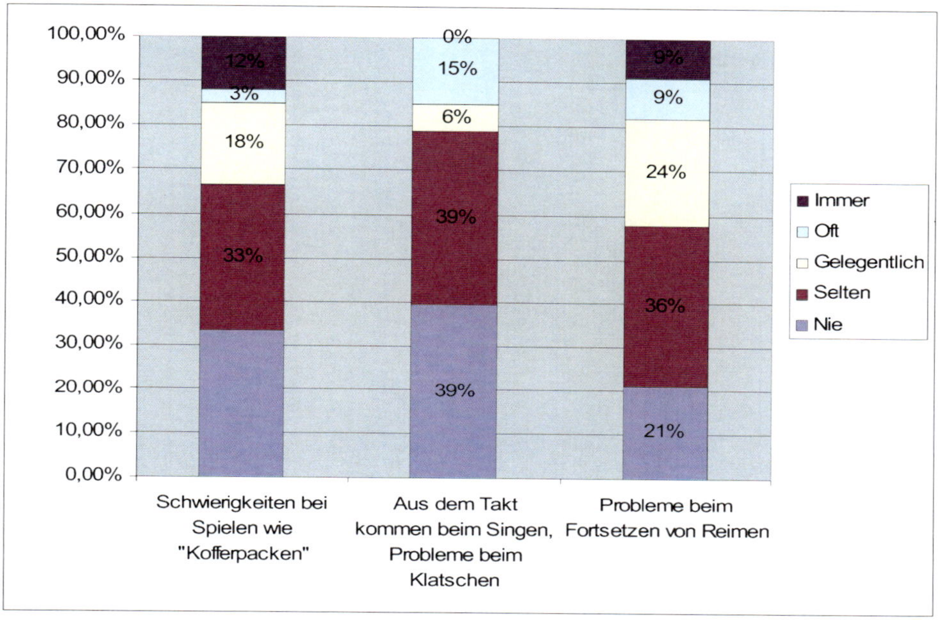

Tabelle 19: einfacher Befund, Lern- und Leistungsvermögen, n = 33

Kinder mit mehrfachem Befund in DPII – Lern- und Leistungsvermögen

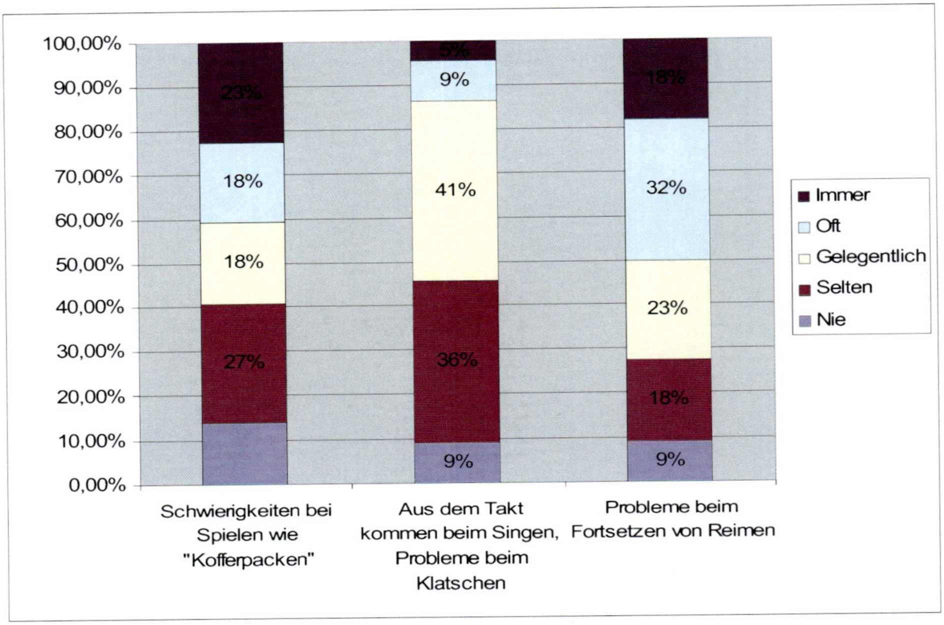

Tabelle 20: mehrfacher Befund, Lern- und Leistungsvermögen, n = 22

Befunde zu Rechtschreib- und Leseleistung

Kontrollgruppe ohne AWS – Rechtschreib- und Leseleistung

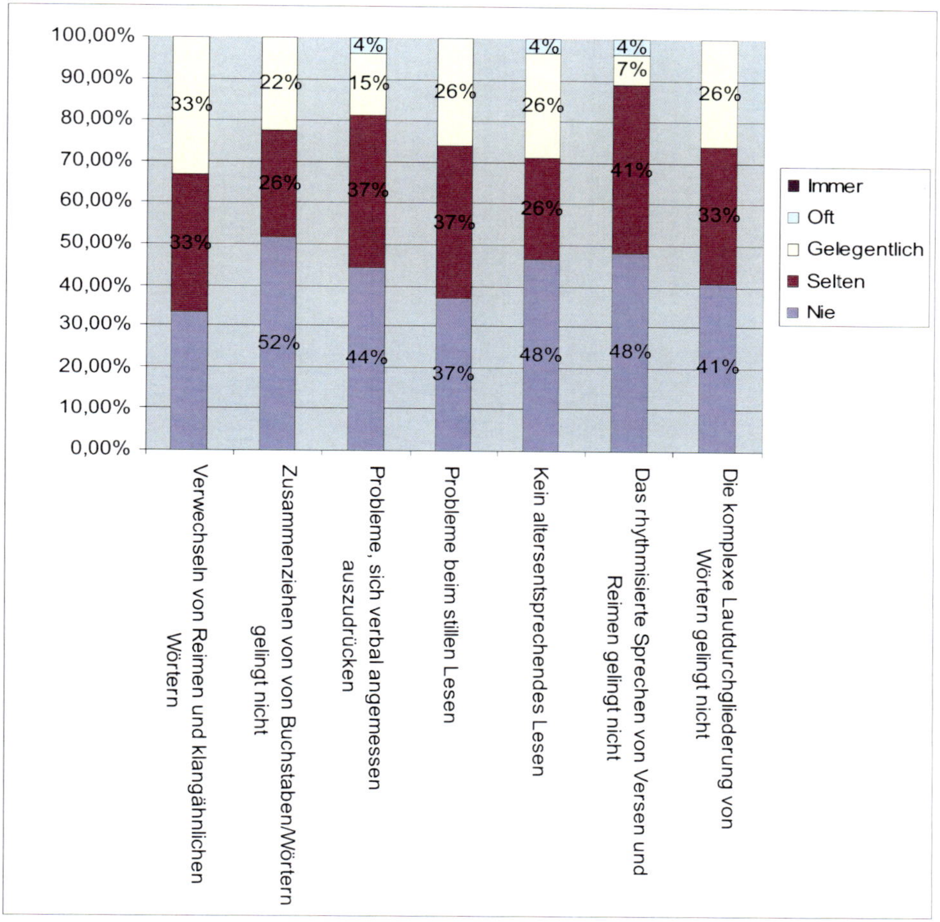

Tabelle 21: Kontrollgruppe, Rechtschreib- und Leseleistung, n = 27

Gesamtgruppe AWS – Rechtschreib- und Leseleistung

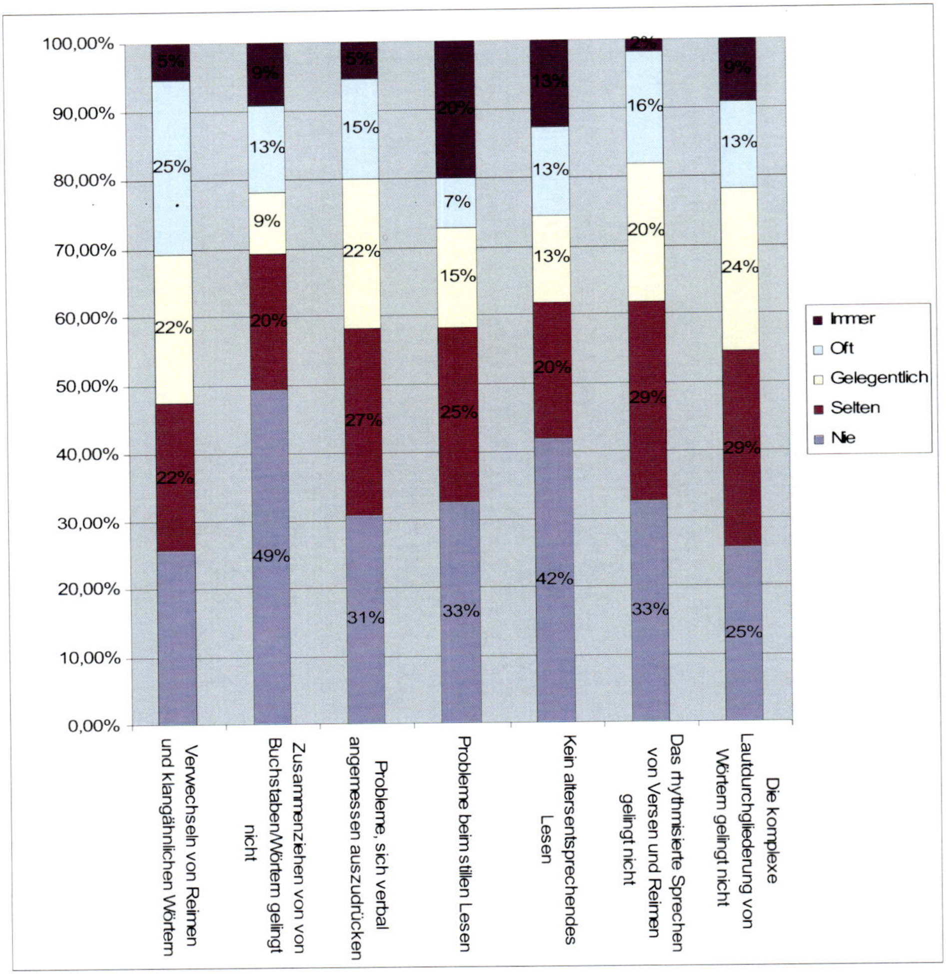

Tabelle 22: Gesamtgruppe, Rechtschreib- und Leseleistung, n = 55

Kinder mit einfachem Befund in DP II – Rechtschreib- und Leseleistung

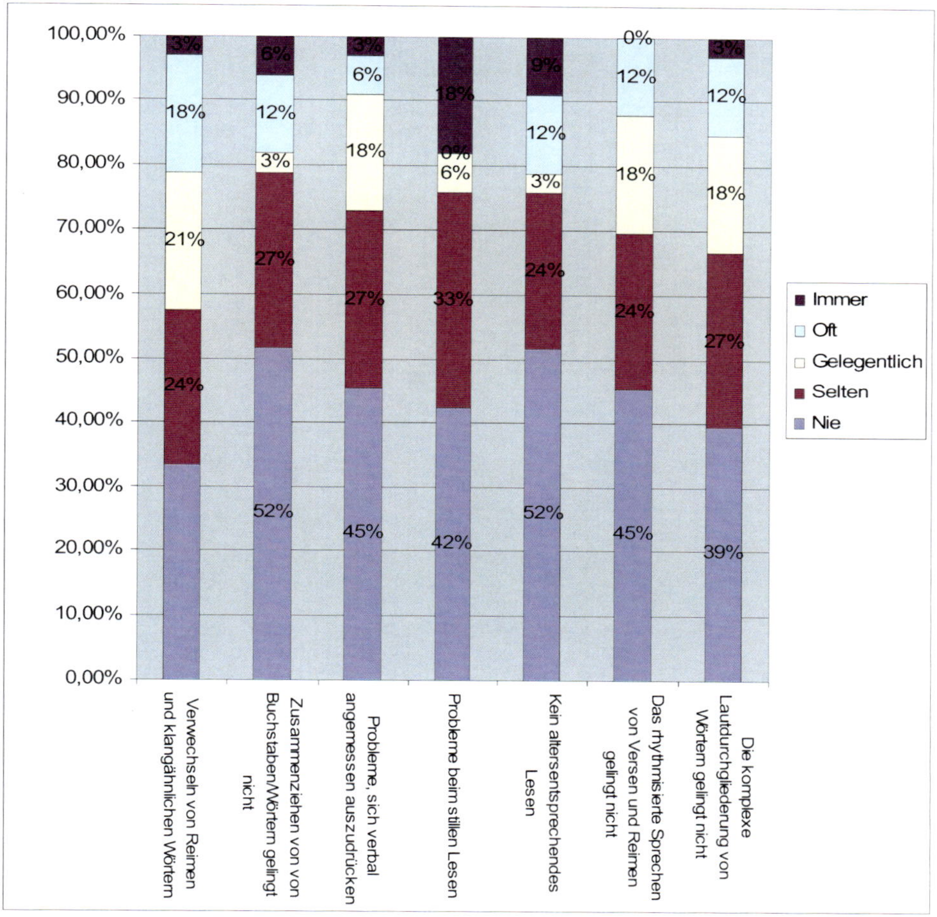

Tabelle 23: einfacher Befund, Rechtschreib- und Leseleistung, n = 33

Kinder mit mehrfachem Befund in DP II – Rechtschreib- und Leseleistung

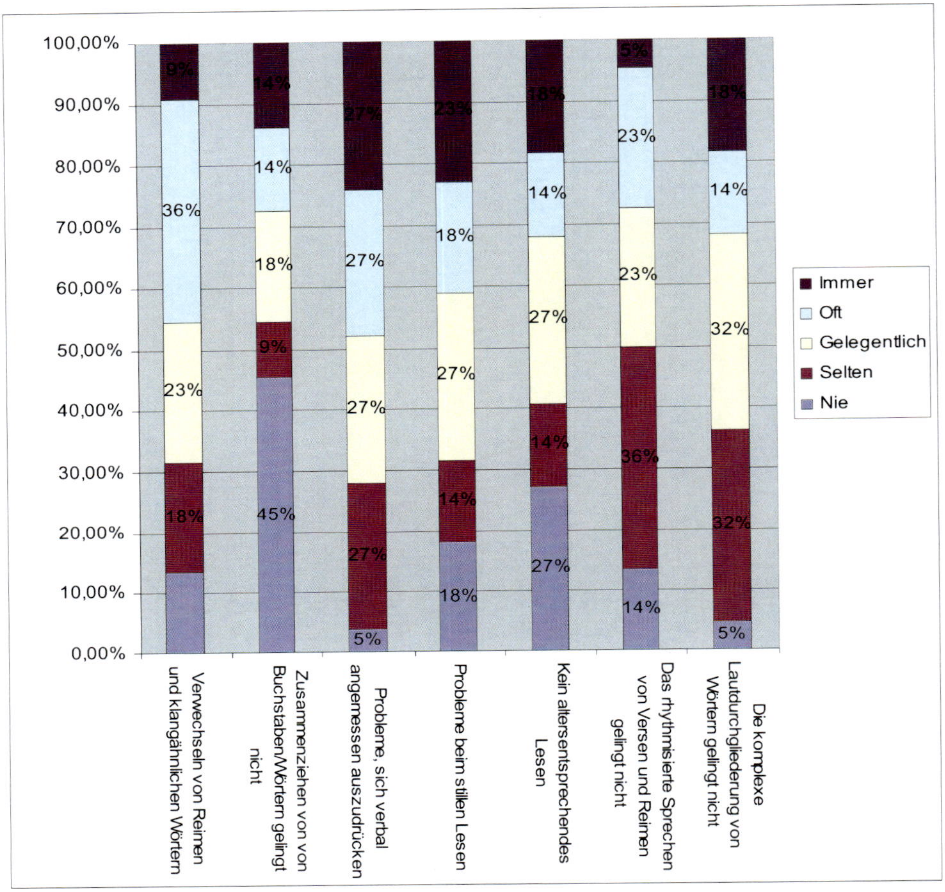

Tabelle 24: mehrfacher Befund, Rechtschreib- und Leseleistung, n = 22

Befunde zu Emotionalität

Kontrollgruppe ohne AWS – Emotionalität

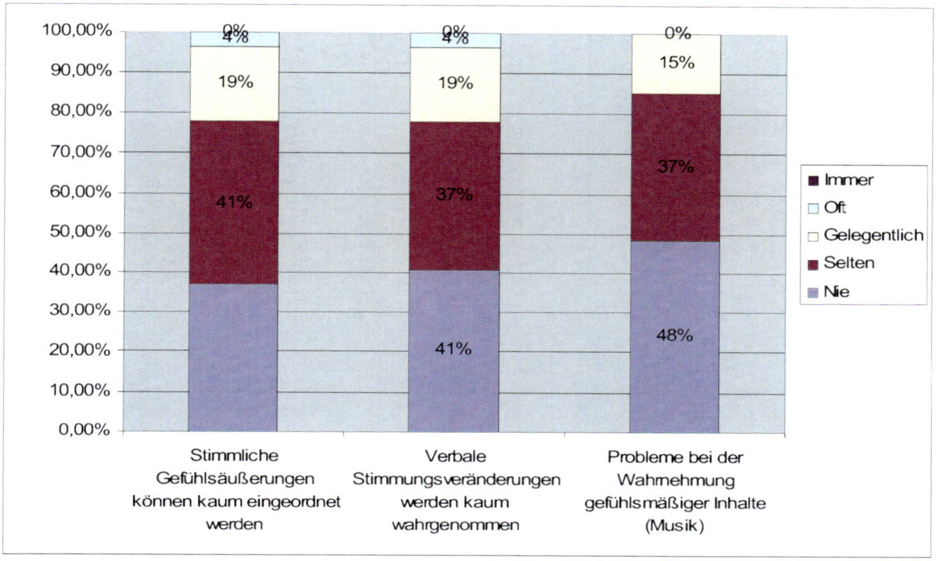

Tabelle 25: Kontrollgruppe, Emotionalität, n = 27

Gesamtgruppe AWS – Emotionalität

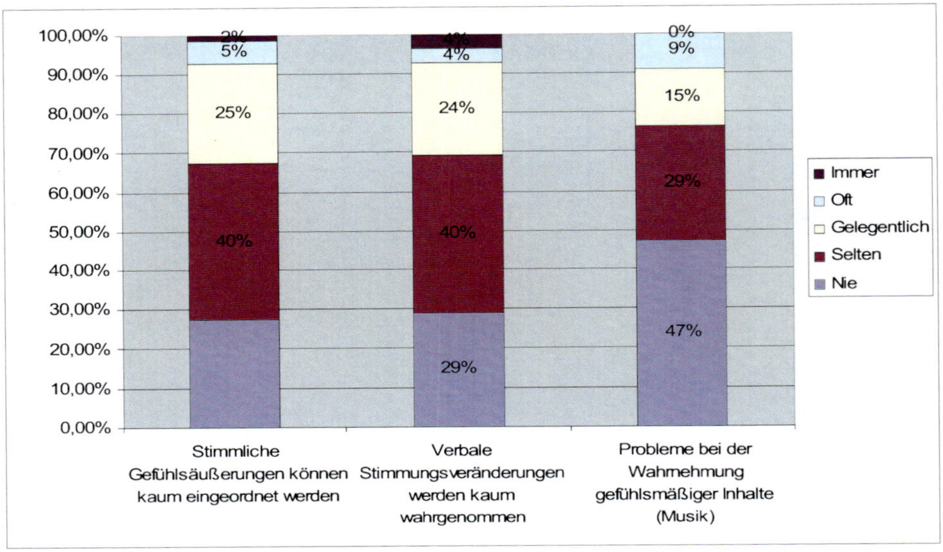

Tabelle 26: Gesamtgruppe AWS, Emotionalität, n = 55

Kinder mit einfachem Befund in DP II – Emotionalität

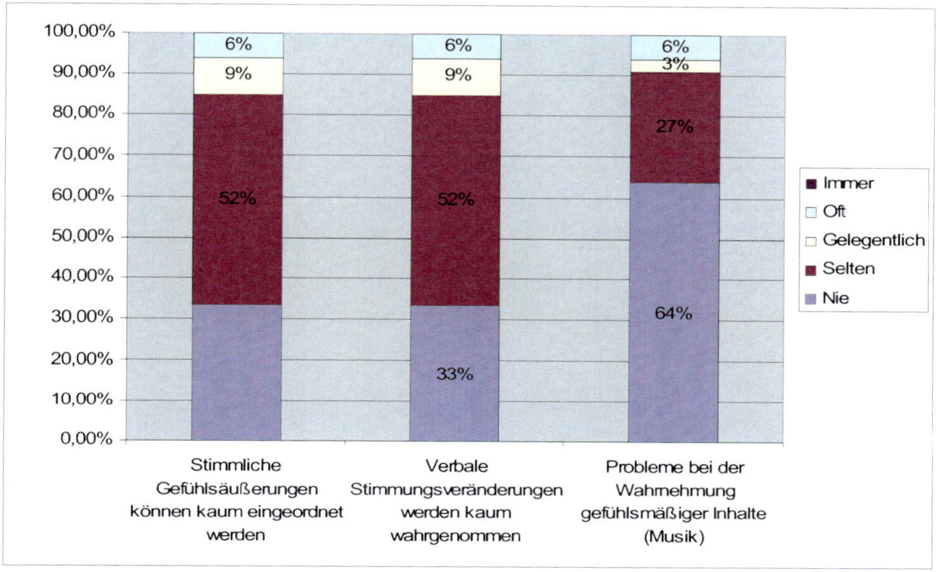

Tabelle 27: einfacher Befund, Emotionalität, n = 33

Kinder mit mehrfachem Befund in DP II – Emotionalität

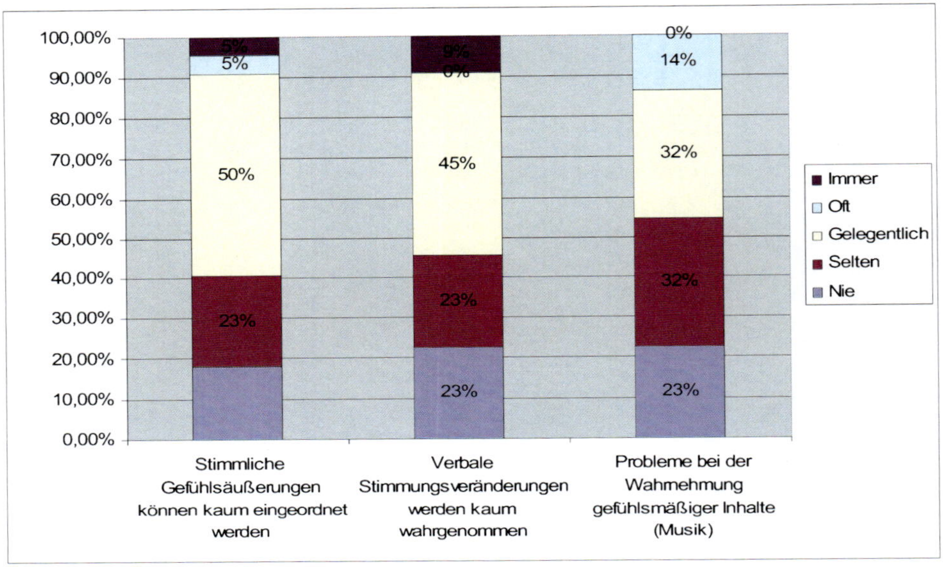

Tabelle 28: mehrfacher Befund. Emotionalität, n = 22

Befunde zu Sozialverhalten/Einbindung in die Klasse

Kontrollgruppe ohne AWS

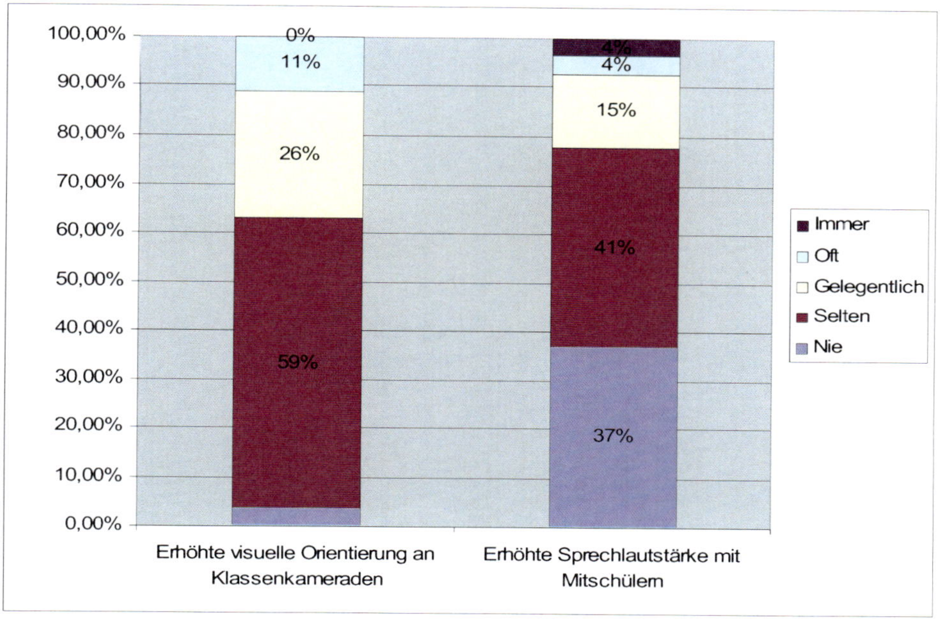

Tabelle 29: Kontrollgruppe, Sozialverhalten/Einbindung in die Klasse, n = 27

Befunde zu Sozialverhalten/Einbindung in die Klassenlehrerinnen

Gesamtgruppe AWS

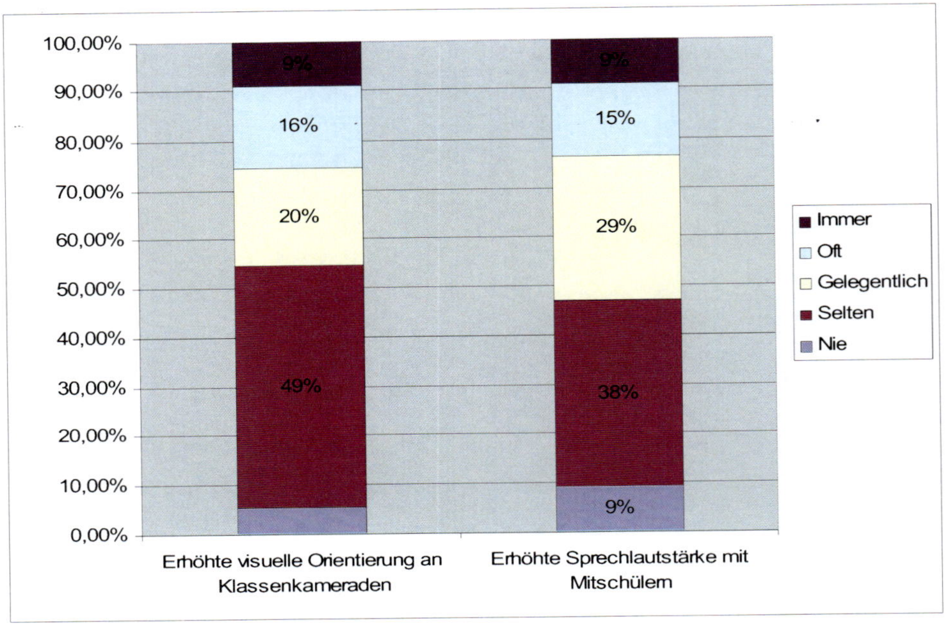

Tabelle 30: Gesamtgruppe, Sozialverhalten/Einbindung in die Klasse, n = 55

Befunde Sozialverhalten/Einbindung in die Klasse

Kinder mit einfachem Befund in DP II

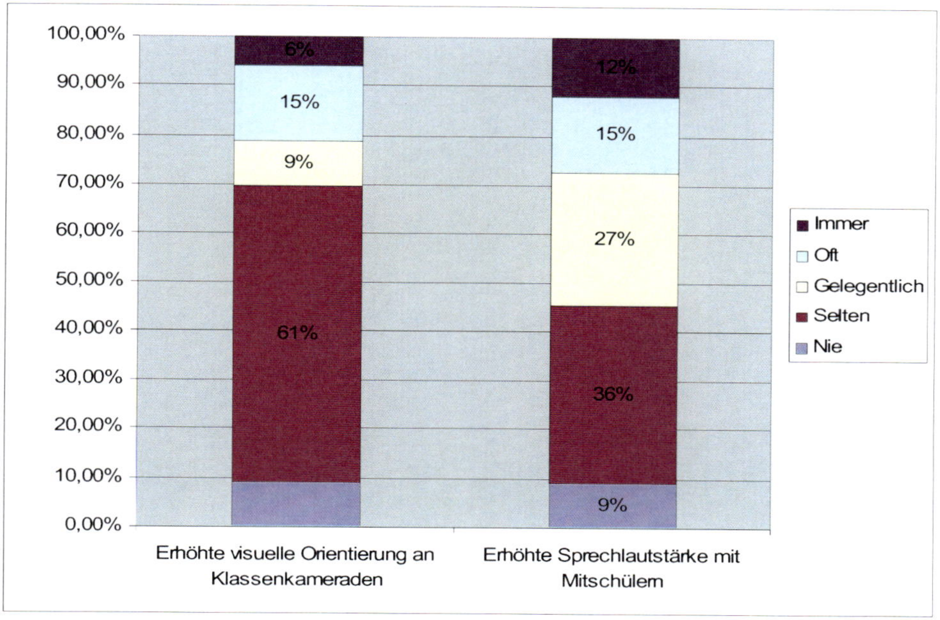

Tabelle 31: einfacher Befund, Sozialverhalten/Einbindung in die Klasse, n = 33

Befunde Sozialverhalten/Einbindung in die Klasse

Kinder mit mehrfachem Befund in DP II

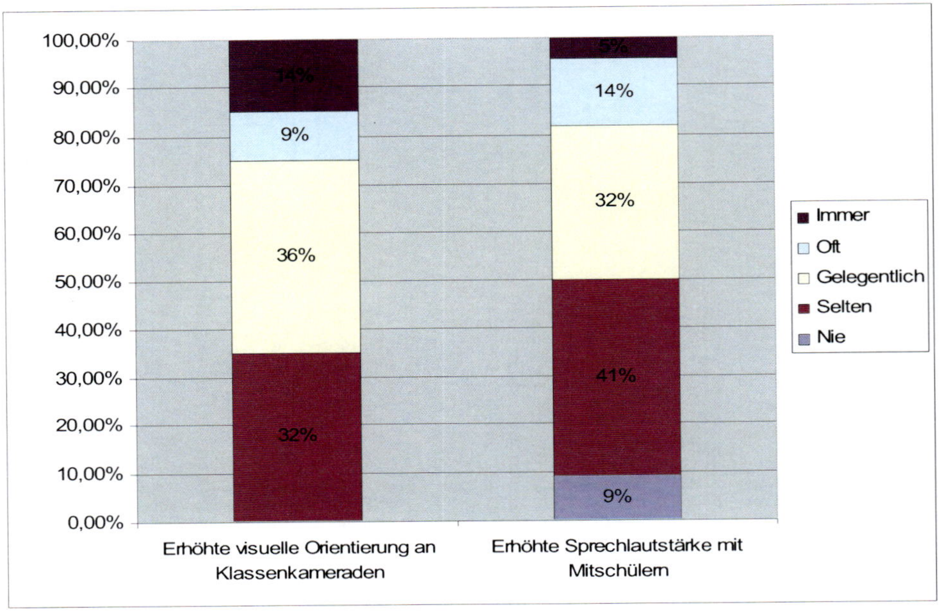

Tabelle 32: mehrfacher Befund, Sozialverhalten/Einbindung in die Klasse, n = 22

Fragebogen

	Nie	Selten	Gelegentlich	Oft	Immer
Mitarbeit und Verhalten					
Sowohl in der Einzel- wie Gruppensituation wird häufig nachgefragt	☐	☐	☐	☐	☐
Mehrere miteinander verbunden Handlungsaufträge können nicht oder nur unvollständig ausgeführt werden	☐	☐	☐	☐	☐
Es wird nur wenig Mitarbeit im mündlichen Unterricht gezeigt	☐	☐	☐	☐	☐
Der Schüler hört nicht zu, man redet „gegen eine Wand“	☐	☐	☐	☐	☐
Der Schüler ruft in den Unterricht, beklagt sich über „Lärm“	☐	☐	☐	☐	☐
Der Schüler zeigt unüberlegtes Handeln	☐	☐	☐	☐	☐
Der Schüler wechselt plötzlich seine Beschäftigung	☐	☐	☐	☐	☐
Der Schüler gibt Antworten auf nicht direkt gestellte Fragen	☐	☐	☐	☐	☐
Der Schüler redet dazwischen, oder stellt stereotype Fragen	☐	☐	☐	☐	☐
Störschall-Nutzschall					
Bei lauter Geräuschkulisse werden Anweisungen falsch oder nicht verstanden (z.B. komplexe Gruppensituationen)	☐	☐	☐	☐	☐
Der Schüler beschwert sich, wenn durcheinander gesprochen wird	☐	☐	☐	☐	☐
Besseres Sprachverstehen in der Einzelsituation	☐	☐	☐	☐	☐
Motivation/Konzentration/Aufmerksamkeit					
Der Schüler lenkt sich selber ab und wird schnell unruhig	☐	☐	☐	☐	☐
Der Schüler verliert auffallend oft das Interesse bei Vorgelesenem	☐	☐	☐	☐	☐
Bei verbalen Aufgaben ist kaum Ausdauer vorhanden	☐	☐	☐	☐	☐
Der Schüler kann sich nicht auf verbal gestellte Aufgaben konzentrieren	☐	☐	☐	☐	☐
Der Schüler zeigt zunehmende Ermüdung und Unruhe im Laufe des Unterrichts	☐	☐	☐	☐	☐
Der Schüler hat eine erhöhte Vergesslichkeit, besonders bei Reihenfolgen und Regeln	☐	☐	☐	☐	☐
Der Schüler zeigt erhöhte Ablenkbarkeit durch Geräusche	☐	☐	☐	☐	☐

Gedächtnis					
Der Schüler hat Probleme beim Auswendiglernen oder Wiedergeben von Kurzgeschichten, Reimen, Liedern und Versen	☐	☐	☐	☐	☐
Der Schüler hat Probleme, Sätze, bestehend aus mehr als sechs Wörtern, wiederzugeben	☐	☐	☐	☐	☐
Der Schüler hat Probleme beim Wiedergeben der Zahlenreihe	☐	☐	☐	☐	☐
Lern- und Leistungsvermögen					
Bei Spielen wie „Kofferpacken“ kann die Reihenfolge der eingepackten Sachen nicht gut gemerkt werden	☐	☐	☐	☐	☐
Das Mitklatschen von Liedern gelingt nicht, kommt aus dem Takt	☐	☐	☐	☐	☐
Der Schüler hat Probleme beim Fortsetzen von Reimen	☐	☐	☐	☐	☐
Rechtschreib- und Leseleistung					
Der Schüler verwechselt Reime und klangähnliche Wörter	☐	☐	☐	☐	☐
Das Zusammenziehen von Buchstaben/Wörtern gelingt nicht	☐	☐	☐	☐	☐
Der Schüler hat Probleme, sich verbal angemessen auszudrücken	☐	☐	☐	☐	☐
Beim stillen Lesen treten Probleme auf	☐	☐	☐	☐	☐
Das Kind liest nicht altersentsprechend	☐	☐	☐	☐	☐
Das rhythmisierte Sprechen von Versen und Reimen gelingt nicht	☐	☐	☐	☐	☐
Die komplexe Lautdurchgliederung von Wörtern gelingt nicht	☐	☐	☐	☐	☐
Emotionalität					
Stimmliche Gefühlsäußerungen können kaum eingeordnet werden	☐	☐	☐	☐	☐
Stimmungsveränderungen, die verbal ausgedrückt, werden nicht wahrgenommen	☐	☐	☐	☐	☐
Der Schüler kann in Musikstücken keine Stimmungen, keine gefühlsmäßigen Inhalte erkennen. Wie z.B. bei lustiger/ trauriger Musik	☐	☐	☐	☐	☐
Sozialverhalten/Einbindung in die Klasse					
Der Schüler orientiert sich im Unterricht visuell stark an Klassenkameraden	☐	☐	☐	☐	☐
Der Schüler hat eine erhöhte Sprechlautstärke, wenn er mit anderen redet	☐	☐	☐	☐	☐

Protokollbogen Differenzierungsprobe II

Differenzierungsprobe 2

- Protokoll -

1. *Optische Differenzierung* — Ergebnisse

1. Probeaufgabe ╞ 2. Probeaufgabe Z

Prüfaufgaben

S	.I'	‡	9

Aufgabe:
Kind muss Zeichen in einer Reihe ähnlicher Zeichen wiederfinden und zeigen.

Bewertung:
Jedes Zeichen muss stimmen, sonst Ausfall im Bereich der optischen Differenzierung!

2. *Phonematische Differenzierung*

1. Probeaufgabe: Haus – Maus 2. Probeaufgabe: Vogel – Vogel
3. Probeaufgabe: Bein – Wein

Prüfaufgaben:

Petra	–	Peter		Seife	–	Seife	
Tür	–	Tier		acht	–	acht	
bemühen	–	bemühen		Postkutsche	–	Postkutsche	
graben	–	traben		Nagel	–	Nadel	
Konsum	–	Konsum		dem	–	den	

Aufgabe:
Dem Kind werden Wortpaare (identisch oder ähnlich klingend) vorgesprochen. Das Kind muss erkennen, ob es sich um dieselben Worte handelt oder nicht.

Durchführung:
Kind darf bei Probeaufgaben zuschauen, muss bei Prüfaufgaben dem VL den Rücken zuwenden, damit es die Worte nur hören kann.

Bewertung:
Das Kind muss **alle 10 Wortpaare** identifizieren („gleich" oder „nicht gleich"), sonst Ausfall im Bereich der phonematischen Differenzierung!

3. *kinästhetisch-artikulatorische Differenzierung*

	1. Nachsprechen	2. Nachsprechen	3. Nachsprechen
Konsumgenossenschaft	3	2	1
Krambambuli	3	2	1
Elektrizität	3	2	1
		Gesamtpunkte	

Aufgabe:
Kind muss drei Wörter nachsprechen, die besonders schwer zu artikulieren sind.

Bewertung:
Für jedes Wort erfolgt folgende Bewertung:

- Nachsprechen gelingt sofort und ohne Fehler: 3 Punkte
- Nachsprechen gelingt nach der 1. Wiederholung: 2 Punkte
- Nachsprechen gelingt nach der 2. Wiederholung: 1 Punkte
- Nachsprechen gelingt auch nach der 2. Wiederholung nicht: 0 Punkte

Erreicht das Kind insgesamt 6 und mehr Punkte: erreicht
Erreicht das Kind weniger als 6 Punkte: nicht erreicht / Ausfall

4. *melodische Differenzierung*

Probe 1:	1 – 3 – 5 1 – 3 – 5	1.	1 – 5 1 – 5
Probe 2:	1 – 3 – 5 3 – 3 – 3	2.	5 – 6 – 7 – 8 3 – 5 – 1 – 1
		3.	5 – 6 – 2 – 5 5 – 6 – 2 – 5

Aufgabe:
Kind muss jeweils 2 Tonfolgen miteinander vergleichen, die der VL dem Kind vorspielt, und entscheiden, ob diese Tonfolgen gleich oder verschieden sind.

Durchführung:
Kind darf bei Probeaufgaben zuschauen, muss bei Prüfaufgaben dem VL den Rücken zuwenden, damit es die Melodie nur hören kann. Keine Wiederholung der Aufgaben.

Bewertung:
alle drei Prüfaufgaben müssen richtig gelöst werden, sonst Ausfall im **Bereich der melodischen Differenzierung**
(Protokoll: siehe oben)

5. *Rhythmische Differenzierung*

Probe: • – • •

Prüfungsaufgaben:

1. Aufgabe: • • – •	
2. Aufgabe: • • – • •	

Aufgabe:
Kind soll Rhythmen nachklatschen, die der VL vorklatscht.

Durchführung:
Kind darf bei Probeaufgabe zuschauen, muss bei Prüfaufgaben dem VL den Rücken zuwenden, damit es den Rhythmus nur hören kann.

Bewertung:

- Nachklatschen gelingt sofort und ohne Fehler: 2 Punkte
- Nachklatschen gelingt nach einer Wiederholung: 1 Punkte
- Nachklatschen gelingt auch nach einer Wiederholung nicht: 0 Punkte

Erreicht das Kind insgesamt 3 und mehr Punkte: erreicht
Erreicht das Kind weniger als 3 Punkte: nicht erreicht / Ausfall

Literaturliste

AFFOLTER, F. (1995)?. Wahrnehmung, Wirklichkeit und Sprache.Villingen-Schwenningen: Neckar-Verlag Gmbh

ALBERTI, A. (2000). Empirische Untersuchung zur klinischen Relevanz auditiver Wahrnehmungsstörungen. Magisterarbeit, Ludwig-Maximilians-Universität München.

ALBERTI, A., BERWANGER, D., GÖLLNER, B., & SUCHODOLETZ, W. V. (2002). Zur klinischen Relevanz auditiver Wahrnehmungsstörungen für die Kinder- und Jugendpsychiatrie. In U. Lehmkuhl (Hg.), Seelische Krankheit im Kindes- und Jugendalter – Wege zur Heilung. Abstractband zum 27. Kongress der Deutschen Gesellschaft für Kinder- und Jugendpsychiatrie und Psychotherapie vom 3.– 6. April 2002 in Berlin. Göttingen: Vandenhoeck & Ruprecht, S. 11-12.

ARNOLD, W., EYSENCK, H. J., MEILI, R. [1987). Lexikon der Psychologie. Freiburg: Herder

AYRES, J. (1984). Bausteine der kindlichen Entwicklung. Berlin, Heidelberg: Springer Verlag

BARTH, K. (1997). Lernschwächen früh erkennen im Vorschul- und Grundschulalter. München: Reinhardt Verlag

BARTH, K. (1999). Zur Prophylaxe von Lese- Rechtschreibstörungen: Zeitliche Verarbeitungsprozesse und ihr Zusammenhang mit phonologischer Bewußtheit und der Entwicklung von Lese- Rechtschreibkompetenz. Dortmund

BENCH J, MAULE R (1997) The use of internal speech by children with auditory processing problems. Audiology 36(6):312-324

BIESALSKI, P.& FRANK, F. (1994). Phoniatrie - Pädaudiologie. Stuttgart: Thieme

BREUER. H. (1994). Pragmatische Verfahren zur Diagnostik sprachbezogener Wahrnehmungsstörungen. In Plath, P. (Hg.). Zentrale Hörstörungen. Dortmund: Geers-Stiftung

BREUER, H. (1998). Früherkennung und Frühförderung von Schreib- Lese-Lernvoraussetzungen. In: Sprache, Stimme, Gehör, 22, 34 - 38.

BREUER, H., WEUFFEN, M. (2000). Lernschwierigkeiten am Schulanfang. Weinheim, Basel: Beltz Taschenbuch

BURCHARD, J. M. et al. (1985). Das äußere Ohr des Menschen als schallverdoppelndes Organ, in Sprache – Stimme – Gehör 9 (1985). S. 100 – 103

BURDACH, K. J. (1988). Geschmack und Geruch. Gustatorische, olfaktorische und trigeminale Wahrnehmung. Stuttgart: Huber Verlag.

CHERMAK, G. D., SONNERS, E. K., SEIKEL, J. A. (1998): Behavioral signs of central auditory processing disorder and attention deficit hyperactivity disorder. Journal of the American Academy of Audiology, 9, 78 – 84

CIOMPI, L. (1997). Die emotionalen Grundlagen des Denkens. Entwurf einer fraktalen Affektlogik. Göttingen: Vandenhoeck & Ruprecht

COLE, S. K. & ROBERTSON, D. (1992). Early efferent innervation of the developing rat cochlea studied with carbocyanine deye. Brain Research, 509, 254-260.

CONINX, F. (2003). Die Hörentwicklung in den ersten zwei Lebensjahren, deren Erfassung und Dokumentation. In: Horsch, U. (Hg.) Frühe Dialoge. Hamburg: Verlag hörgeschädigter Kinder S.57-67

COOPER, E. R. K. (1984). The development of the human auditory pathway from the cochlear ganglion to the medial geniculate body. Acta anatomica, 5, 99-122

DEMASIO, A. (1997). Descartes' Irrtum. Fühlen, Denken und das menschliche Gehirn. München: List

DEMASIO, A. (2000). Ich fühle, also bin ich. Die Entschlüsselung des Bewusstseins. München: List

DEUSTER VON, C. (1995). Peripheres Hörvermögen und auditive Wahrnehmung. In Internationale Frostig-Gesellschaft (Hg.). Auditive Wahrnehmung, Marianne Frostig – Lernschwierigkeiten angehen – gemeinsam mit allen Beteiligten (Jahrestagungen 1995 und 1996). Dortmund: Borgmann, S. 13 – 20

DECASPER, A. J., PRESCOTT, P. A. (1984). Human newborns' perception of male voices: Preference, discrimination, and reinforcing value. In Developemental Psychobiology 17, 481 – 491

DILLER, G. (2004). Vom Hören zum Hörenlernen – oder umgekehrt. In HörBericht 74, S. 3 – 10 [online verfügbar am 15.12.05 unter: http://www.geers.de/docs/Fachthemen.pdf]

DONCZIK, J. (1998): Lese- Rechtschreibschwäche (LRS): - Ein Überblick über Ursachen, Diagnostik und Therapie. Pädiatrie, 4, 350 – 364

EBERT, H. (1995). Pädaudiologische Aspekte der Diagnose zentraler Störungen der auditiven Wahrnehmung. In Internationale Frostig-Gesellschaft (Hg., Auditive Wahrnehmung, Marianne Frostig – Lernschwierigkeiten angehen – gemeinsam mit allen Beteiligten (Jahrestagungen 1995 und 1996). Dortmund: Borgmann, S. 35 – 66

EBERT, H (1997). Auditive Wahrnehmungsstörungen; in: Spektrum Hören 7/1997

EBERT, H. (1997). Sprachwahrnehmung und Zeitverarbeitung- Grundlagen und Störungen. In: Frostig, M. (Hg.)Auditive Wahrnehmung. Dortmund: Borgmann :

EINSIEDLER, W. (1988). Schulanfang und Persönlichkeitsentwicklung. In: Grundschule 1988, 20, S. 20 - 23

ELIOT, L. (2002). Was geht da drinnen vor?. Berlin, New York: Berlin Verlag. 2. Auflage

ERNST, M. O., BÜLTHOFF, H. H. (2005). Multisensorische Wahrnehmung des Menschen [online verfügbar am 10.12.05 unter: www.mpg.de]

ESSER, G. (et. al.)(1987). Auditive Wahrnehmungsstörungen und Fehlhörigkeit bei Kindern im Schulalter, in Sprache – Stimme – Gehör, 11, S. 10 – 26,

ESSER, G. ANDERSKI, A., BREUER, E., CRAMER, B., EISERNMANN, E., KULENKAMPFF, M., (1987). Wahrnehmungsstörungen und Fehlhörigkeit bei Kindern im Schulalter. Sprache – Stimme – Gehör 11, S. 10 – 16

ESSER, G. (2002). Wahrnehmungsstörungen bei Kindern mit Lese-/Rechtschreibstörungen. Aufsatz [online verfügbar am 05.12.05 unter: www.losdirekt.de/Seiten/ws1203/Esser.thm]

ESSER, G. (2005). Teilleistungsstörungen [online verfügbar am 10.12.05 unter: www.aaonline.dkf.de/bb/p384.htm]

ESSER, G., WURM - DINSE, U. (1993): Fehlhörigkeit, Sprachwahrnehmungsstörungen und LRS - Zusammenhänge? Bundesverband Legasthenie (Hrsg.). Bericht über den Fachkongress 1993. Hannover 1994, 49 -72 [online verfügbar am 12.12.05 unter; http://www.neurolabor.de/neurophysiologie/index.html]

ESSER, G. & WURM-DINSE, U. (1997): Untersuchungsergebnisse zur zentralen Fehlhörigkeit bei lese- rechtschreibschwachen Kindern aus Greifswald und Neubrandenburg. In: Bundesverband Legasthenie (Hrsg.): Legasthenie. Bericht über den Fachkongress 1997, 66 - 81, Hannover.

ESSER, G. (1995): Umschriebene Entwicklungsstörungen. In: F. Petermann (1995). Lehrbuch der Klinischen Kinderpsychologie. Modelle psychischer Störungen im Kindes- und Jugendalter. Hogrefe, Göttingen.

FALLER, A. (1984). Der Körper des Menschen. Stuttgart: Thieme Verlag, 10. Auflage

FIRNHABER, M. (1996)[2]. Legasthenie und andere Wahrnehmungsstörungen : wie Eltern und Lehrer helfen können. Frankfurt a. M.: Fischer

FISCHER, B.; BISCALDI, M.& HARTNEGG K. (1998). Die Bedeutung der Blicksteuerung bei der Lese- Rechtschreibschwäche. Sprache, Stimme, Gehör 22, 18-24.

FISCHER, B. (2003). Hören, Zählen, Blicken, Sehen: Teilleistungen und ihre Störungen. Bern ; Göttingen [u.a.]: Huber

FRANKE, U. (1998). Logopädisches Handlexikon. 5. Aufl. München [u.a.]: Reinhardt. (UTB für Wissenschaft: Uni-Taschenbücher; 771).

FRÖHLICH, W. D. (Hg.) (!990). Wörterbuch zur Psychologie. 17. Aufl. München: Deutscher Taschenbuch-Verlag.

FURTNER-KALLMÜNZER, M, HÖSSL, A. (2003). Pilotstudie – Wahrnehmung von Leistungsrückmeldungen in den ersten Grundschuljahren.[online verfügbar am 12.01.06 unter: http://cgi.dji.de/bibs/244_2106_zusfas_pilot.pdf]

GADDES, W. (1991). Lernstörungen und Hirnfunktion: eine neuropsychologische Betrachtung. Berlin, Heidelberg [u.a.]: Springer

GIESECKE, T.& HARBRUCKER, F. (1991). Wer besucht die Schule für Sprachbehinderte? Die Sprachheilarbeit, 36, 170 – 180.

GOLDSTEIN,B.E. (1997). Wahrnehmungspsychologie. Heidelberg: Spektrum Akad. Verlag

GRIMM,H. (1999). Störungen der Sprachentwicklung. Göttingen, Bern: Hogrefe

GRIMM, T., NOETHEN, M.& SCHULTE-KÖRNE, G. (1998). Zur Genetik der Legasthenie. Sprache, Stimme, Gehör 22, 8 - 12.

GROTHE, F. (2000). Wie funktioniert das Hören – Einblicke in neurobiologische Grundlagen. In Huber, L., Odersky, E. (Hg.) Zuhören – Lernen – Verstehen. Braunschweig: Westermann. S. 39-57

GÜNTHER, H., GÜNTHER, W. (1992): Diagnose auditiver Störungen bei Sprachauffälligkeiten und Lese– Rechtschreibschwierigkeiten im Primärbereich. Die Sprachheilarbeit, 37, 5-19

GÜNTHER, H., GÜNTHER, W. (1991): Auditive Dysfunktion und Sprachentwicklungsstörungen - Theoretische Überlegungen und empirische Daten zu einem verborgenen Problemzusammenhang. Sprache Stimme Gehör, 15, 12 – 18

HARTUNG, K. (1989). Lärmbekämpfung in Schulen – ein vernachlässigtes Problem der Schul- und Unterrichtshygiene. Sozialpädiatrie 11, S. 400 – 407

HENNIGHAUSEN, K.,. KLEIN, CH., SCHECKER, M., SCHULZ, E. (2005). Neurophysiologische Korrelate zentral-auditiver Verarbeitungsdefizite bei aufmerksamkeits- und sprachentwicklungsgestörten Kindern [online verfügbar am 02.01.06 unter: http://www.neurolabor.de/neurophysiologie/index.html]

HEUBROCK, D., PETERMANN, F. (2000). Lehrbuch der klinischen Kinderneuropsychologie. Grundlagen, Syndrome, Diagnostik und Intervention. Göttingen: Hogrefe

HOFER, M. (1975). Die Validität der impliziten Persönlichkeitstheorie von Lehrern.In: Unterrichtswissenschaft Heft 2 (1975), S. 5-18.

HÖHLE, B. (2004). Sprachwahrnehmung und Spracherwerb im ersten Lebensjahr. in Sprache – Stimme – Gehör 1, 2004; 28: S. 2-7

HÖRBERICHT (2004) Fachthemen: „Hören lernen“. Geers Hörakustik, 74 [online verfügbar am 15.12.05 unter: http://www.geers.de/docs/Fachthemen.pdf]

HUBER, L. & ODERSKY, E. (Hg.) (2000). Zuhören – Lernen – Verstehen. Braunschweig: Westermann

HEPPER, P. G. (1988). Fetal <soap> addiction. in Lancet, 1347 – 1348

INTERNATIONALE FROSTIG-GESELLSCHAFT (Hg.) (1997). Auditive Wahrnehmung, Marianne Frostig – Lernschwierigkeiten angehen – gemeinsam mit allen Beteiligten (Jahrestagungen 1995 und 1996). Dortmund: Borgmann

JÖRG, S. (2000). Der erste Sinn – Von der Bedeutung des Hörens in der Entwicklung des Kindes. In Huber, L., Odersky, E. (Hg.) Zuhören – Lernen – Verstehen. Braunschweig: Westermann. S. 72-80

JOLICOEUR, P. (1999). Restricted attentional capacity between sensory modalities. Psychonomic Bulletin & Review 6(1):87-92

KEPPNER, S. (1994). Schulische Probleme zentralfehlhöriger Kinder. In Plath, P. (Hg.). Zentrale Hörstörungen. Dortmund : Geers-Stiftung

KEGEL, G. (1995). Sprachwahrnehmung und Zeitverarbeitung – Grundlagen und Störungen. In: Internationale Frostig-Gesellschaft (Hg.) (1997). Auditive Wahrnehmung, Marianne Frostig – Lernschwierigkeiten angehen – gemeinsam mit allen Beteiligten (Jahrestagungen 1995 und 1996). Dortmund: Borgmann, S. 21 – 34

KLICPERA, C., GASTEIGER-KLICPERA, B. (1995). Psychologie der Lese- und Schreibschwierigkeiten. Entwicklung, Ursachen, Förderung. Weinheim: Beltz Verlag

KLICPERA, C. ET AL *(*2003). Legasthenie. Modelle, Diagnose, Therapie und Förderung. München, Basel: Ernst Reinhardt Verlag

KNÖRZER, W., GRASS (2000). Den Anfang der Schulzeit pädagogisch gestalten. Weinheim, Basel: Beltz

KROHN-JASTER, K (1996). Lautmärchen & Co. Ein phonematisches Training zur Prävention von Lese-Rechtschreibstörungen. In Internationale Frostig-Gesellschaft (Hg.), Auditive Wahrnehmung, Marianne Frostig – Lernschwierigkeiten angehen – gemeinsam mit allen Beteiligten (Jahrestagungen 1995 und 1996). Dortmund: Borgmann

KÜKELHAUS, H. (1991). Fassen, Fühlen, Bilden. Köln: Gaia

KÜSPERT, P. (1998). Phonologische Bewußtheit und Schriftspracherwerb. Zu den Effekten vorschulischer Förderung der phonologischen Bewußtheit auf den Erwerb des Lesens und Rechschreibens. Frankfurt, Berlin, Bern: Peter Lang

KÜSPERT, P., SCHNEIDER, W. (2002). Hören, lauschen, lernen: Sprachspiele für Kinder im Vorschulalter. Göttingen: Vandenhoeck und Ruprecht

LANDERL K.& WIMMER, H. (1994). Phonologische Bewußtheit als Prädiktor für Lese- und Schreibfertigkeiten in der Grundschule. Zeitschrift für Pädagogische Psychologie, 8, 153 – 164.

LAUER, N. (1999). Zentral- auditive Verarbeitungsstörungen im Kindesalter. Stuttgart: Thieme

LEHNHARDT, E. (1996). Praxis der Audiometrie. Stuttgart: Thieme

LEUPOLD, R. (1996). Zentrale Hörwahrnehmungs-Störungen. Dortmund: Verlag Modernes Lernen

LGA (Hg.) (2002). Ergebnisse zur Differenzierungsprobe nach Breuer und Weuffen aus einem Praxistest 1997 und Einschulungsuntersuchungen 1999, 2000 und 2001. Stuttgart: Landesgesundheitsamt

LIEPMANN, L. (1975). Sehen, hören, riechen, tasten. Freiburg i. B.: Walter-Verlag Olten

LURIA, A. R. (1992). Das Gehirn in Aktion. Einführung in die Neuropsychologie. Reinbek: Rowolt

MAIWORM, R. E. (1993) Menschliche Geruchskommunikation. Einflüsse körpereigener Duftstoffe auf die gegengeschlechtliche Wahrnehmung. Münster: Waxmann Verlag

MATSCHKE, R. G. (1993). Untersuchungen zur Reifung der menschlichen Hörbahn. Stuttgart: Thieme

MATULAT, P., BERSENBRÜGGE, H., LAMPRECHT-DINESEN A. (1999). Diagnose zentraler Hörverarbeitungsstörungen und auditiver Wahrnehmungsstörungen – eine retrospektive Erhebung. Z Audiol 1999 Supplement II, 112 – 130

MAUSFELD, R. (2005). Wahrnehmungspsychologie. In Selg & Lautenbacher (Hg.). Einführung in die Psychologie. Stuttgart: Kohlhammer

MAUSFELD, R. (2005). Wahrnehmungspsychologie: Geschichte und Ansätze, in Funke, J. & French, P. (Hg.). Handwörterbuch Allgemeine Psychologie: Kognition. Göttingen: Hogrefe

MEDWETSKY, L. (2001). Central auditory processing. In: Handbook of Clinical Audiology. 5. ed. Philadelphia [u.a.]: Lippincott Williams & Wilkins; 495 – 508.

MONTAGU, A. (1971). Körper-Kontakt. Die Bedeutung der Haut für die Entwicklung des Menschen. Stuttgart: Klett-Kotta

MOODLEY, A. (1989). Acoustic conditions in mainstream classrooms. J. Brit. Teach. Deaf 13- S. 48 – 54

NEUHAUS, C. (1999). Das hyperaktive Kind und seine Probleme. Berlin: Urania – Ravensburger, 5. Auflage

NIKISCH, A., HEBER, D., BURGER-GARTNER, J. (2001). Auditive Verarbeitungs- und Wahrnehmungsstörungen bei Schulkindern. Dortmund: Verlag Modernes Leben

NILSSON, L.(1990). Ein Kind entsteht. München: Mosaik Verlag

PAGE, J. M. (1985) Central auditory processing disorders in children. Otolaryngol Clin North Am 18(2):323-335

PIECHA, A. (2001). Wahrnehmung, Emotion und Denken. In CONCEPTUS XXXIV (2991), Nr. 84

PLATH, P. (1971). Das Hörorgan und seine Funktion. Berlin: Carl Marhold Verlagsbuchhaltung. 2. Auflage

PLATH, P (Hg.)(1994). Zentrale Hörstörungen. Dortmund : Geers-Stiftung

PLATTE, H. J., DÖRING, W. H., SCHLÖDORFF, G. (1978). Richtungshören und Sprachverstehen unter Störeinfluß bei „Normalhörenden". Laryng Rhinol S. 672 – 680

PTOK, M., BERGER, R., VON DEUSTER, CH., GROSS, M., LAMPRECHT – DINNESEN, A., NICKISCH,A., RADÜ, H.-J., UTTENWEILER, V. (2000): Auditive Verarbeitungs- und Wahrnehmungsstörungen – Konsensus – Statement. HNO, 48, 357 – 360

PTOK, M. (2000): Auditive Verarbeitungs- und Wahrnehmungsstörungen und Legasthenie. Hessisches Ärzteblatt, 2, 52 – 54

PUHL, R. (2005). Legasthenie und Dyskalkulie – Ein kurzer Überblick. [online verfügbar am 11.12.05: www.legasthenieverband.org/index.php?show=berlin1]

RASS, E. (2002). Kindliches Erleben bei Wahrnehmungsproblemen. Frankfurt a. M.: Peter Lang

RAUSCHER, F.H. , & SHAW, G.L. (1998). Key components of the "Mozart Effect." *Perceptual and Motor Skills, 86* , 835-841

ROSENKÖTTER, H. (1997). Neuropsychologische Behandlung der Legasthenie. Weinheim: Beltz Psychologie Verlags Union

ROSENKÖTTER, H. ET AL. (1998). Auditive Wahrnehmung und Hörtraining. Lörrach: Verlag AUDIVA

ROSENKÖTTER, H. (2003). Auditive Wahrnehmungsstörungen. Stuttgart: Klett-Cotta

SCHEERER- NEUMANN, G. (1979). Intervention bei Lese-Rechtschreibschwäche. Bochum: Kamp

SCHEERER-NEUMANN, G. (1987). Ein Entwicklungsmodell zur Analyse der Rechtschreibschwäche. In: L. Dummer-Smoch (Hg.) Legasthenie- Berichte über den Fachkongress 1996. Hannover: Bundesverband Legasthenie

SCHULTE-KÖRNE, G. (2001). Lese-Rechtschreibstörung und Sprachwahrnehmung : psychometrische und neurophysiologische Untersuchungen zur Legasthenie. Münster, München, Berlin [u.a.]: Waxmann

SCHULTE-KÖRNE, G., DEIMEL, W., BARTLING, J., REMSCHMIDT, H. (1998): Auditory processing and dyslexia: evidence for a specific speech processing deficit. Neurology Report, 9, 337 - 340

SCHULTE - KÖRNE, G. (Hg.) Legasthenie: erkennen, verstehen, fördern; Beiträge zum 13.Fachkongress des Bundesverbandes Legasthenie 1999, Winkler Verlag 2001

SCHYDLO, R. (1994). Beziehungen zwischen zentralen Hörstörungen und anderen Teilleistungsschwächen aus kinder- und jugendpsychiatrischer Sicht. In Plath, P. (Hg.). Zentrale Hörstörungen. Dortmund : Geers-Stiftung

SEVOSTIANOV A, FROMM S, NECHAEV V, HORWITZ B, BRAUN A (2002) Effect of attention on central auditory processing: An fMRI study. Intern J Neuroscience 112:587-606

SPRENG, M. (1984). Physiologische Hintergründe der zentralen Sprachdekodierungsprozesse. Sprache – Stimme – Gehör 8, S. 1 – 7

SPRENG, M. (1994). Physiologie des Gehörs. In: Biesalski, P., Frank, F. (Hg.) Phoniatrie und Pädaudiologie Band 2. Stuttgart: Thieme

SPRENG, M. (2004). Physiologische Grundlagen der kindlichen Hörentwicklung und Hörerziehung. [online verfügbar am 15.12.05 unter: www.ifak-kindermedien.de/pdf/vortragspreng.pdf]

SPRENG, M. (2005). Die Wirkung von Lärm und unerwünschten Geräuschen auf die Sprachentwicklung bei Kindern [online verfügbar am 19.12.2005 unter: schuleundgesundheit.hessen.de/module/schueler/laerm/materialcd/05-1spreng.pdf]

SPRINGER, L. & SCHREY-DERN, D. (Hg.). Forum Logopädie; Stuttgart: Thieme Verlag

SUCHODOLETZ, v. W., ALBERTI, A. (2002): Empirische Untersuchung zur klinischen Relevanz auditiver Wahrnehmungsstörungen. Tagungsbericht zum 3. wissenschaftlichen Symposium des dbs. e. V. am 18. und 19. Januar 2002 in Berlin, 37 – 38

SUCHODOLETZ W. v. (Hg.) (2003). Therapie der Lese-Rechtschreibstörung (Legasthenie) zwischen etablierten und alternativen Angeboten. Behandlungsmethoden im Überblick. Stuttgart: Kohlhammer.

SUCHODOLETZ, W.v. (Hg.) (2004). Welche Chancen haben Kinder mit Entwicklungsstörungen? Göttingen: Hogrefe

SUCHODOLETZ, W. v. (2000). Physiologie und Pathophysiologie der auditiven Wahrnehmung. Forum der Kinder- und Jugendpsychiatrie und Psychotherapie, 10, 62-71.

SUCHODOLETZ, W. v., ALBERTI, A., & BERWANGER, D. (in Druck). Sind umschriebene Sprachentwicklungsstörungen Folge von Defiziten in der auditiven Wahrnehmung? Klinische Pädiatrie.

SUCHODOLETZ, W. v., BERWANGER, D., & MAYER, H. (in Druck). Die Bedeutung auditiver Wahrnehmungsschwächen für die Pathogenese der Lese-Rechtschreibstörung. Zeitschrift für Kinder- und Jugendpsychiatrie und Psychotherapie.

STURM, W. (1989) Aufmerksamkeitsstörungen. In Poeck, K. (Hg.). Klinische Neuropsychologie. Stuttgart: Thieme Verlag. 2. Auflage

TALLAL, P. & PIERCY, M. (1975). Developmental aphasia: The perception of brief vowels and extended stop consonants. Neuropsychologia, 13, 69 – 74.

TALLAL, P. (1980). Auditory temporal perception, phonic, and reading disabilities in children. Brain and Language, 9, 182 – 198.

TALLAL, P. (1984). Temporal or phonetic processing deficit in dyslexia ? That is the question. Applied Psycholinguistics, 5, 167 – 169.

TALLAL, P., GALABURDA, A., LLINAS, R.& VON EULER, C. (1993). Temporal Information Processing in the Nervous System. Special Reference to Dyslexia and Dysphasia. Annals of the New York Academy of Science, Vol. 682.

TALLAL, P., MILLER, S., JENKINS, B.& MERZENICH, M. (1997). The Role of Temporal Processing in Developmental Language-Based Learning Disorders. Research and Clinical Implications. To appear in: B. Blachmann (Ed.) Foundation of Reading Acquisition. New York: Erlbaum

TIETZE, W., ROSSBACH H.-G. (1993). Erfahrungsfelder in der frühen Kindheit. Freiburg i.B.: Lambertus

TOMATIS, A. (1995). Das Ohr und das Leben. Erforschung der seelischen Klangwelt. Düsseldorf: Walter

TOMATIS, A. (1998). Das Ohr – Die Pforte zum Schulerfolg. Dortmund: Verlag Modernes Lernen

UTTENWEILER, V., (2001). *Physiologie des Hörens und zentrale Hörverarbeitung.* In: Minning, S., Minning, U., Rosenkötter, H. (Hg.). Auditive Wahrnehmung und Hörtraining. Kandern-Holzen: AUDIVA, Inst. für Hören und Bewegen; 3 - 16.

WARNKE, A., WEWETZER, CH.& GRIMM, T. (1998). Lese-Rechtschreibstörungen. Begriff-neurobiologische Befunde - Prognose. Sprache, Stimme, Gehör, 22, 3 - 7

WEINERT, F. E. (1977). Legasthenie: Defizitäre Erforschung defizienter Lernprozesse? Psychologie in Erziehung und Unterricht, 24, 164 - 173.

WIRTH, G. (1983).Sprachstörungen, Sprechstörungen, kindliche Hörstörungen. Köln: Dt. Ärzte Verlag

WURM-DINSE, U. (1994). Zusammenhänge zwischen zentraler Fehlhörigkeit und auditiven Wahrnehmungsstörungen – mögliche Auswirkungen auf die Entwicklung von Laut- und Schriftsprache. In Plath, P. (Hg.). Zentrale Hörstörungen. Dortmund : Geers-Stiftung

ZAJONC, R. B. (1980). Feeling and Thinking. Preferences Need No Inferences. In: American Psychologist 35, S. 151 – 175

ZIMBARDO, P. G. (1994). Psychologie. Berlin: Springer Verlag

ZIMMER, R. (1995). Handbuch der Sinneswahrnehmung, Grundlagen einer ganzheitlichen Erziehung. Freiburg: Herder

ZUHÖREN E. V. (2002). Ganz Ohr – Interdisziplinäre Aspekte des Zuhörens. Göttingen: Vandenhoeck & Ruprecht